写真で見る
橋の構造形式

― 道路橋の保全のために ―

藤原 稔 著

技報堂出版

はじめに

　明治維新を前後してわが国に近代橋梁の技術が導入されて以降今日まで，戦争等による停滞はあったが，先人達の努力で多くの橋が建設されてきた．わが国の道路橋の数は橋長 2m 以上が 70 万橋に達する．これらが今後とも道路交通網の構成要素として機能するためには，適切に保全することが重要であり，それがわれわれの使命である．

　本書は，既設橋の保全に携わる技術者が既設橋について知ろうとする際の一助となることを願って著したものである．既設橋を理解するには橋の構造形式を理解することが必要と考えて，橋の構造形式について実際の橋の写真を例示しつつ述べた．
　まず，橋の構造形式の力学的意味を理解するために，第 1 章では橋の構造形式の基本となる桁，アーチ，吊構造（注：後述するが，吊橋のモデルの意）の 3 つの力学モデルの特徴と互いの関係を述べた．
　実際の橋の構造は，使用する材料の力学特性とこれを適用できる力学モデルとから導き出されている．近代橋梁においては鋼とコンクリートがそれぞれ性能を向上させながら主要材料として用いられてきた．第 2 章と第 3 章では鋼橋とコンクリート橋の構造形式について現在供用中の橋の写真を用いて記述した．

　対象としたのは主に昭和 50 年頃までに建設された一般道に架かる道路橋の構造形式である．これは，保全が課題となるのはおそらく 20 〜 30 年以上年月を経た橋においてであり，またこれらの橋はすでに使われなくなった技術（材料・構造・設計法・施工法など）を用いている場合があるために，これからの技術者にとってわかりにくいところが多いものと考えたためである．また，橋の選定にあたっては構造形式の変遷がある程度わかるように配慮した．写真は自己流で撮ったものがほとんどであるが，意図を汲み取って頂ければ幸いである．

目　次

はじめに

第 1 章　橋の構造モデル

1.1　橋の構造の構成　3
　　1.1.1　上部構造……………………………………………………………………3
　　1.1.2　下部構造……………………………………………………………………3
1.2　橋の主構造の基本形　4
　　1.2.1　桁の構造モデル……………………………………………………………5
　　1.2.2　充腹桁とトラス桁…………………………………………………………5
　　1.2.3　アーチの構造モデル………………………………………………………5
　　1.2.4　吊構造の構造モデル………………………………………………………6
　　1.2.5　アーチや吊構造の特徴と桁との違い……………………………………7

第 2 章　鋼橋の形式

2.1　鋼橋の形式　13
2.2　鋼橋の主構造と路面（床構造）の関係　14
　　2.2.1　桁橋の路面の位置…………………………………………………………14
　　2.2.2　トラス橋の路面の位置……………………………………………………15
　　2.2.3　アーチ橋の路面の位置……………………………………………………16
　　2.2.4　吊橋の路面の位置…………………………………………………………18
2.3　桁橋の形式　19
　　2.3.1　桁の断面形状………………………………………………………………19
　　2.3.2　鈑桁（プレートガーダー）橋……………………………………………19
　　2.3.3　箱桁（ボックスガーダー）橋……………………………………………25
　　2.3.4　I 桁橋と H 桁橋……………………………………………………………28
　　2.3.5　桁橋の支持方法……………………………………………………………28
　　2.3.6　単純支持桁橋………………………………………………………………29
　　2.3.7　ゲルバー桁橋………………………………………………………………30
　　2.3.8　連続桁橋……………………………………………………………………32

2.4　トラス橋の形式　34
- 2.4.1　トラスの組み方 ……………………………………………………… 34
- 2.4.2　トラスの支持方法 …………………………………………………… 39
- 2.4.3　下路形式の単純支持トラス橋 ……………………………………… 39
- 2.4.4　下路形式のゲルバートラス橋 ……………………………………… 40
- 2.4.5　下路形式の連続トラス橋 …………………………………………… 41
- 2.4.6　上路形式の単純支持トラス橋 ……………………………………… 43
- 2.4.7　上路形式のゲルバートラス橋 ……………………………………… 44
- 2.4.8　上路形式の連続トラス橋 …………………………………………… 45

2.5　アーチ橋の形式　46
- 2.5.1　アーチリブの形式 …………………………………………………… 46
- 2.5.2　下路形式のアーチ橋の種類 ………………………………………… 47
- 2.5.3　下路形式の2ヒンジアーチ橋と両端固定アーチ橋 ……………… 47
- 2.5.4　タイドアーチ橋 ……………………………………………………… 49
- 2.5.5　下路形式の補剛アーチ橋 …………………………………………… 50
- 2.5.6　下路形式のバランスドアーチ橋 …………………………………… 54
- 2.5.7　上路形式のアーチ橋の種類 ………………………………………… 54
- 2.5.8　上路形式の2ヒンジアーチ橋と両端固定アーチ橋 ……………… 55
- 2.5.9　上路形式の補剛アーチ橋 …………………………………………… 56
- 2.5.10　スパンドレルブレースドアーチ橋 ………………………………… 59
- 2.5.11　上路形式のバランスドアーチ橋 …………………………………… 60

2.6　ラーメン橋の形式　61
2.7　斜張橋の形式　63
2.8　吊橋の形式　65

第3章　コンクリート橋の形式

3.1　コンクリート橋の種類と形式　69
- 3.1.1　鉄筋コンクリート橋 ………………………………………………… 69
- 3.1.2　プレストレストコンクリート橋 …………………………………… 69

3.2　鉄筋コンクリート橋の形式　70
- 3.2.1　床版橋 ………………………………………………………………… 70
- 3.2.2　桁橋 …………………………………………………………………… 71
- 3.2.3　アーチ橋 ……………………………………………………………… 74
- 3.2.4　上路形式のアーチ橋 ………………………………………………… 74
- 3.2.5　下路形式のアーチ橋 ………………………………………………… 78
- 3.2.6　ラーメン橋 …………………………………………………………… 79

3.3　プレストレストコンクリート橋の形式　80

3.3.1　床版橋……………………………………………………80
　　　3.3.2　桁橋………………………………………………………81
　　　3.3.3　T桁橋……………………………………………………81
　　　3.3.4　箱桁橋……………………………………………………84
　　　3.3.5　ラーメン橋………………………………………………85
　　　3.3.6　T型ラーメン橋…………………………………………86
　　　3.3.7　有ヒンジラーメン橋……………………………………86
　　　3.3.8　連続ラーメン橋…………………………………………87
　　　3.3.9　π型ラーメン橋・方杖ラーメン橋……………………87
　　　3.3.10　斜張橋……………………………………………………89

おわりに　91

メモ・1　鉄や鋼の生産と橋への適用　9
メモ・2　セメントコンクリートの生産と橋への適用　10
メモ・3　鋼部材の工場製作と現場連結　13
メモ・4　合成桁橋と非合成桁橋の違い　25
メモ・5　トラスの進化の歴史　37
メモ・6　ソリッドリブタイドアーチ・ランガー桁・ローゼ桁の違い　53
メモ・7　上路形式のソリッドリブアーチ・逆ランガー桁・逆ローゼ桁の違い　58
メモ・8　鉄筋コンクリートのタイドアーチ橋とローゼ桁橋の違い　79
メモ・9　プレストレストコンクリート床版橋と鉄筋コンクリート床版橋の違い　81
メモ・10　プレストレストコンクリートT桁橋と鉄筋コンクリートT桁橋の違い　83
メモ・11　有ヒンジラーメンと連続ラーメンの違い　87

第 1 章
橋の構造モデル

1.1 橋の構造の構成

　道路橋の構造は，道路交通を支える上部構造，上部構造を支えて上部構造からの荷重を下部構造に伝達する支承，支承を介して伝達される上部構造からの荷重を支えて橋全体の荷重を地盤に伝達する下部構造からなる．

1.1.1 上部構造

　上部構造は，交通を支えるための床構造と，床構造を支えて荷重を下部構造に伝えるための主構造からなる．鋼桁橋を例にとると，床構造は床版・床組（縦桁・横桁）などからなり，主構造は主桁・荷重分配横桁・横構・対傾構などからなる．コンクリート桁橋では主構造は主桁や横桁からなり，床構造は主桁の上フランジが兼ねている．

1.1.2 下部構造

　下部構造は，上部構造を支える橋脚や橋台の躯体と，それらを支えて橋全体の荷重を地盤に伝達する基礎からなる．基礎には直接基礎，杭基礎，ケーソン基礎などがある．

1.2　橋の主構造の基本形

　橋の主構造に用いられる構造を理解するために，それらの基本となる構造モデルをとりあげ，それらが鉛直外力を受けたときの挙動を考察する．

　最初に，まっすぐな棒が両端で支持された状態を考える．これは桁橋やトラス橋の挙動を理解するために用いられる桁の構造モデルである（**図 1-1**）．次に，上に凸に曲がった棒が両端で支持された状態を考える．これは，アーチ橋の挙動を理解するために用いられるアーチの構造モデルである（**図 1-2**）．最後に，下に凸に曲がった棒が両端で支持された状態を考える．これは吊橋の挙動を理解するために用いられる吊構造の構造モデルである（**図 1-3**）．

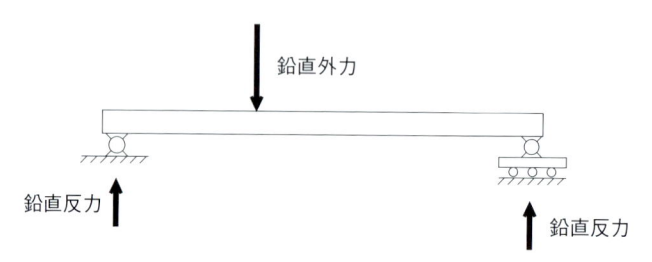

図 1-1　片端ヒンジ，他端ヒンジ＋ローラーの桁モデル

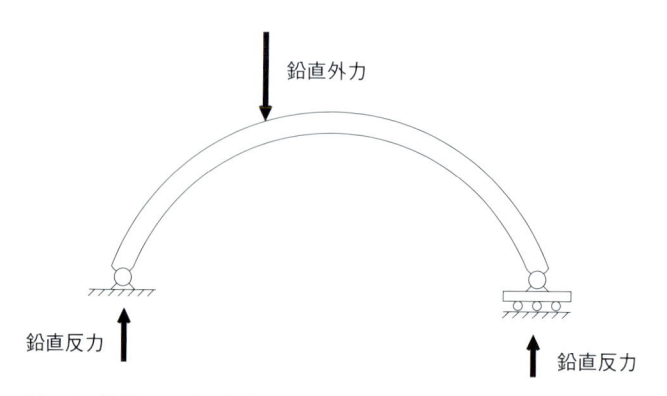

図 1-2　片端ヒンジ，他端ヒンジ＋ローラーのアーチモデル

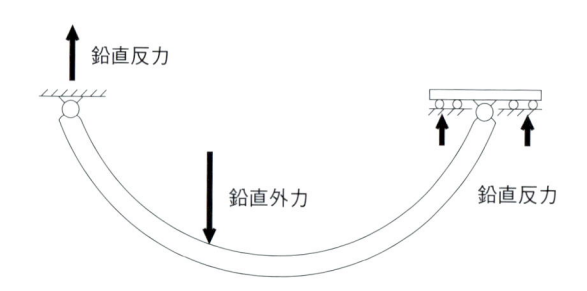

図 1-3　片端ヒンジ，他端ヒンジ＋ローラーの吊構造モデル

なお，桁やアーチはそれぞれ構造モデルを意味する言葉であると同時に，桁橋やアーチ橋などと橋の形式も表現できる言葉であるが，最後にとりあげた下に凸に曲がった棒には桁やアーチに相当する適当な言葉がない．吊橋は橋の形式を表現した言葉であるが，構造モデルに用いる言葉ではない．ケーブルは構造モデルよりは材料のイメージが強い言葉である．以前は，吊橋を構成する部材を表す言葉として，構索（構はトラス，索はケーブルあるいはチェーンの意），ブレースドチェーンなどが用いられたこともあったが，ここではこの構造モデルに吊構造という言葉を用いておく．

1.2.1　桁の構造モデル

図 1-1 は，剛性のあるまっすぐな棒が片端ではヒンジで支持されて回転は自由で水平移動がなく，他端ではヒンジとローラーで支持されて回転と水平移動が自由な桁の構造モデルを示している．この棒が鉛直外力を受けた場合には，棒は下に撓もうとし，両支点には鉛直反力が生じ，棒には内力として曲げモーメントとせん断力が生じる．

これは単純支持桁（梁）と呼ばれ，支点反力や内力が境界条件と力の釣合条件から求めることのできる静定構造であり，橋の構造の基本である．

1.2.2　充腹桁とトラス桁

桁には充腹桁とトラス桁がある．充腹桁は上下フランジとウェブ（腹板）で構成され，上下フランジは主に曲げモーメントに，ウェブは主にせん断力に抵抗する．ウェブには上下フランジの間隔を保持する役目もある．

トラス桁は上下弦材と斜材や垂直材などの腹材で構成され，上下弦材は主に曲げモーメントに，斜材は主にせん断力に抵抗し，垂直材は床構造を支える．腹材には上下弦材の間隔を保持する役目もある．通常は，充腹桁は桁，トラス桁はトラスと呼ばれる．

1.2.3　アーチの構造モデル

図 1-2 は，上に凸に曲がった棒が片端ではヒンジで支持され，他端ではヒンジとローラーで支持されたアーチの構造モデルを示している．この棒が鉛直外力を受けると，棒は下に撓むと同時に外側に拡がろうとするが，両支点には鉛直反力のみが生じ，棒に内力として曲げモーメントとせん断力が生じるのは桁の構造モデルと同じである．ただし，棒の曲がり角度に応じた軸力（圧縮力）も生じる．

これも単純支持桁と同様に，支点反力や内力は境界条件と力の釣合条件から求めることのできる静定構造である．しかし，上述した桁の構造モデルが上に凸に曲がっただけのものであり，その構造特性は桁の構造モデルとほとんど変わらない．アーチとしての構造特性を発揮するためには，支点における水平変位を拘束する必要がある．水平変位を拘束した場合には，支点に水平反力が生じ，これがアーチとしての構造を特徴づける．

第 1 章　橋の構造モデル

　たとえば，両端をヒンジで支持して水平変位を拘束した 2 ヒンジアーチ（**図 1-4**）では，**図 1-2** の構造モデルの鉛直外力による曲げモーメント，せん断力，軸力（圧縮力）に加えて，水平反力による曲げモーメント，せん断力，軸力（圧縮力）が作用する．その結果，軸力（圧縮力）は増加するが，水平反力による曲げモーメントが鉛直外力による曲げモーメントと逆の向きのために，鉛直外力による曲げモーメントが軽減される．この構造は 1 次の不静定構造であり，支点反力や内力を求めるためには，境界条件と力の釣合条件に加えて，変形の適合条件と力と変形の関係式が必要になる．

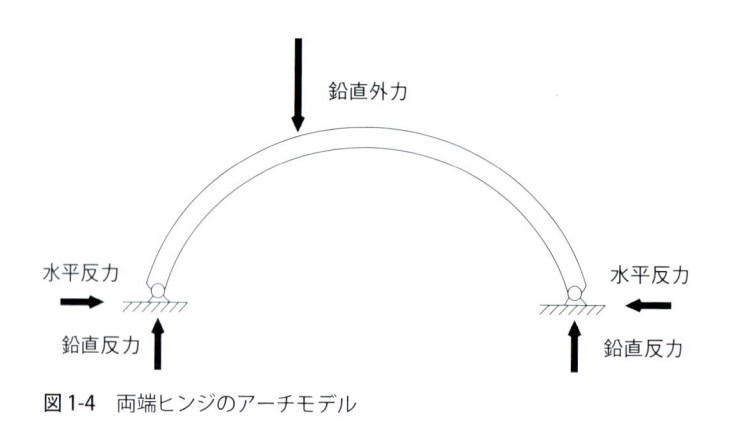

図 1-4　両端ヒンジのアーチモデル

1.2.4　吊構造の構造モデル

　図 1-3 は，下に凸に曲がった棒が片端ではヒンジで支持され，他端ではヒンジとローラーで支持された吊構造の構造モデルを示している．この棒が鉛直外力を受けると，棒は下に撓むと同時に内側に狭まろうとするが，両支点には鉛直反力のみが生じ，棒には内力として曲げモーメントとせん断力が生じるのは桁の構造モデルと同じである．ただし，棒の曲がり角度に応じた軸力（引張力）も生じる．

　これも単純支持桁と同様に，支点反力や内力が境界条件と力の釣合条件から求めることのできる静定構造である．しかし，上述した桁の構造モデルが下に凸に曲がっただけのものであり，その構造特性は桁の構造モデルとほとんど変わらない．吊構造としての構造特性を発揮するためには，支点における水平変位を拘束する必要がある．水平変位を拘束した場合には，支点に水平反力が生じ，これが吊構造としての構造を特徴づける．

　たとえば，両端をヒンジで支持して水平変位を拘束した 2 ヒンジ吊構造（**図 1-5**）では，**図 1-3** の構造モデルの鉛直外力による曲げモーメント，せん断力，軸力（引張力）に加えて，水平反力による曲げモーメント，せん断力，軸力（引張力）が作用する．その結果，軸力（引張力）は増加するが，水平反力による曲げモーメントが鉛直外力による曲げモーメントと逆の向きのために，鉛直外力による曲げモーメントが軽減される．この構造は 1 次の不静定構造であり，支点反力や内力を求めるためには，境界条件と力の釣合条件に加えて，変形の適合条件と力と変形の関係式が必要になる．

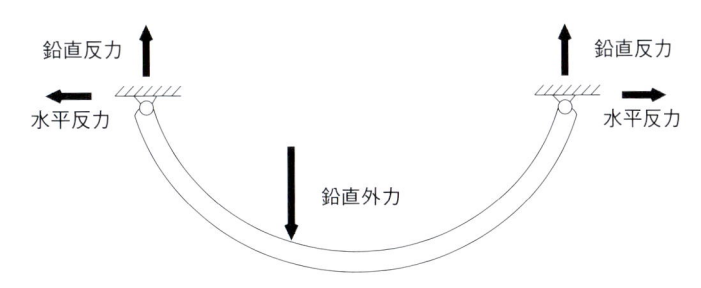

図 1-5 両端ヒンジの吊構造モデル

1.2.5 アーチや吊構造の特徴と桁との違い

桁に鉛直外力が作用すると，桁には曲げモーメントとせん断力が生じ，両支点には鉛直反力のみが生じる．これに対して，アーチや吊構造に鉛直外力が作用すると，曲げモーメントとせん断力に加えて，軸力（アーチでは圧縮力，吊構造では引張力）が生じる．さらにこれらの両支点の水平移動を拘束することにより，両支点には鉛直反力に加えて水平反力が生じ，水平反力による曲げモーメント，せん断力，軸力が加わり，結果として軸力（アーチでは圧縮力，吊構造では引張力）は増加するが，水平反力による曲げモーメントによって鉛直外力による曲げモーメントが減少する．したがって，アーチは圧縮力が，吊構造は引張力が，それぞれ卓越した構造となる．

これまで吊構造には剛性のある部材を考えてきたが，吊橋には引張強度は高いが曲げ剛性のないケーブルが通常用いられる．その場合には路面の平坦性を保つために補剛桁が用いられる．引張強度の高いケーブルが開発される以前は，吊構造そのものにトラス組をした剛性のある部材を用いてそこから路面を吊るすなどして路面の平坦性を確保した時代もあった．

両支点をヒンジとしたアーチや吊構造はいずれも 1 次不静定構造であるが（図 1-4，図 1-5），タワーブリッジの側径間や桜宮橋のように支間の中間にさらにヒンジを入れると，それぞれ支点反力や内力が境界条件と力の釣合条件とで求めることができる静定構造となる．

写真 1-1 ロンドンのテームズ川に 1894（明治 27）年に架けられたタワーブリッジ．中央部に跳開橋を有することで有名であるが，両側径間はそれぞれ両支点がヒンジで，さらに中間にもヒンジが入っているトラス組の吊構造．両側径間の路面は吊構造から吊材で吊り下げられている．

第 1 章　橋の構造モデル

写真 1-2　大阪市の大川（旧淀川）に 1930（昭和 5）年に架けられた桜宮橋．下路形式の 3 ヒンジソリッドリブアーチ橋．アーチの両支点がヒンジ構造であるのに加えてアーチクラウンにもヒンジが入っている珍しい形式．2006（平成 18）年にはローゼ桁の新桜宮橋が桜宮橋の北側に並んで架けられた．

メモ・1

鉄や鋼の生産と橋への適用

　鉄の生産と橋への適用は産業革命の中心であったイギリスで発展を遂げた．1709年にコールブルックデールでアブラハム・ダービー一世（Abraham Darby Ⅰ）がコークスを用いた高炉で鋳鉄の生産を開始し，1779年にはアブラハム・ダービー三世（Abraham Darby Ⅲ）が同地のセバーン川に鋳鉄製のアーチ橋（アイアンブリッジ）を架けている．

　1783年にはヘンリ・コート（Henry Cort）が反射炉を用いたパドル法による錬鉄の製造法で特許を取得し，1826年にトーマス・テルフォード（Thomas Telford）が錬鉄のアイバーチェーンを用いてイギリス・メナイ海峡に吊橋（メナイ海峡吊橋）を架けている．

　1856年にはヘンリ・ベッセマー（Henry Bessemer）が転炉を用いた製鋼法を，1857年にはウィルヘルム・シーメンス（Wilhelm Siemens）が平炉を用いた製鋼法をそれぞれ発明し，1865年にフランスのピエール・エミール・マルチン（Pierre-Emile Martin）がウィルヘルム・シーメンスの平炉を用いた製鋼法に改良を加えるなどにより鋼の大量精錬が可能になり，1874（明治7）年にはアメリカのジェームズ・イーズ（James Eads）がアメリカ・セントルイスのミシシッピー川に鋼を用いたアーチ橋（イーズ橋）を架けている．

　1878（明治11）年にシドニー・トーマス（Sidney Thomas）がベッセマーの転炉を用いた製鋼法に改良を加えたことにより，鋼材の生産が拡大し，橋の建設に鋼材が使われるようになるとともに，錬鉄は1895（明治28）年頃にはほとんど生産されなくなった．

　わが国では昔から砂鉄を原料としたたたら製鉄により銑鉄が生産され，これを鍛錬して錬鉄あるいは鋼をつくっていたが，生産量は限られていた．幕末に鉄の大量生産の必要性が高まり，1857（安政4）に釜石に高炉が建設され，鉄鉱石を融解することに成功した．しかし，その後のわが国の製鉄業は資金難などの理由で思わしくない経過をたどった．1901（明治34）年に至って官営八幡製鉄所の溶鉱炉に火が点じられたが，鋼が生産されるまでさらに数年を要している．

　大正時代のわが国の鋼材の自給率は30～50％であり，軍需を差し引いた民需のうちの橋梁用はわずかであったと思われる．鉄鉱石を原料とする製鉄の歴史から見ると，わが国では錬鉄の時代がなく，明治の近代化のなかで当初から鋼の生産を目指していたのではないかと思われる．

　1868（慶應4）年に長崎の中島川にわが国初の鉄橋くろがね橋が架けられたが，これはオランダから輸入した錬鉄を用いたものであった．明治30年頃までは欧米から輸入した錬鉄や鋳鉄が用いられた．1897（明治30）年には東京の隅田川に輸入鋼を用いて永代橋が架けられた．それ以降も欧米から輸入した鋼が用いられている．いつまで輸入鋼が用いられたかは不明であるが，国内で生産された鋼が橋に本格的に用いられたのは昭和に入ってからのようである．

　鋳鉄は圧縮には強いが脆いため引張りには弱く，錬鉄や鋼は圧縮にも引張りにも強い．ただし，部材の寸法によっては座屈現象により圧縮強度が低下する．

第 1 章　橋の構造モデル

> **メモ・2**
>
> ## セメントコンクリートの生産と橋への適用
>
> 　セメントの歴史は古く，古代エジプト，ギリシャ，ローマにおいてもセメントの原型ともいえるものが用いられていた．1824 年にイギリスのジョセフ・アスプディン（Joseph Aspdin）が今日のポルトランドセメントの特許を取得しており，1867 年にはフランスのジョセフ・モニエー（Joseph Monier）が鉄筋コンクリートの特許を取得し，同氏は 1873（明治 6）年に鉄筋コンクリート橋を架けている．
>
> 　わが国では，1872（明治 5）年に官営の東京深川摂綿篤製造所が設立され，1875（明治 8）年にはセメントの製造に成功している．1903（明治 36）年には琵琶湖疎水にメラン式鉄筋コンクリート橋が日ノ岡第 11 号橋として架けられた．コンクリートは圧縮には強いが引張りには弱い．これを鉄筋で補強したものが鉄筋コンクリートである．
>
> 　プレストレストコンクリートに関しては 1880 年代にアメリカやドイツにおいて特許が取得されているが，いずれも鋼線の強度が低く実用にはならなかった．プレストレストコンクリートの実用化はフランスのフレシネ（Eugene Freyssinet）が高強度の鋼線を用いたことに始まる．同氏はこれに関して 1928（昭和 3）年に特許を取得している．
>
> 　わが国では，戦後フランスからプレストレストコンクリートの技術が導入され，1952（昭和 27）年に石川県七尾市にプレテンション方式によるプレストレストコンクリート橋である長生橋が架けられた．
>
> 　あらかじめ鋼材を引っ張ることによりコンクリートに圧縮力を導入して，外力によってコンクリートに引張りが生じないようにしたものがプレストレストコンクリートである．高強度のコンクリートと鋼材，鋼材のコンクリートへの定着がポイントである．

第 2 章
鋼橋の形式

2.1 鋼橋の形式

　鋼橋の主構造には，第 1 章で述べた構造モデルの特性を活かした桁橋，トラス橋，アーチ橋，吊橋などがある．桁橋の仲間には，桁と橋脚を剛結した構造のラーメン橋もある．斜張橋は吊橋の仲間に入れられることが多いが，これも桁をケーブルで支えた構造であり，桁橋の仲間と見ることができる．

> **メモ・3**
>
> ### 鋼部材の工場製作と現場連結
>
> 　鋼橋の各部材は工場で製作された後，現場まで運搬され，相互に連結されて一体化する．工場における部材の製作は，昭和 30 年頃までは大きな鋼板の圧延ができなかったために型鋼や平鋼などをリベットでつないで行われていたが，その後大きな鋼板の圧延ができるようになり，また溶接技術も進歩して工場での部材製作に溶接が用いられるようになった．現場架設における部材の連結は，昭和 40 年頃まではリベットで行われていたが，その後高力ボルトが用いられるようになった．
>
> 　したがって，昭和 30 年頃までの鋼橋は橋全体にリベットの頭が出ているためにごつごつした感じがし，昭和 30 年頃以降の鋼橋は部材が溶接で組み立てられているためにスマートな感じがする．また，昭和 40 年頃までの現場継手部にはリベットの頭が出ており，それ以降のものには高力ボルトの頭やナットが出ている．

2.2 鋼橋の主構造と路面（床構造）の関係

　橋の上を交通が安全かつ円滑に通るためには，平坦な路面とそれを支える床構造が必要である．主構造の形式に応じて床構造の設置方法があり，それによって路面の位置が決まる．路面が主構造の上にあるものを上路形式，下にあるものを下路形式，中間にあるものを中路形式という．

2.2.1 桁橋の路面の位置

　桁橋では，その主構造の形状から路面を主桁の上におく上路形式が通常用いられる．戦前から戦後にかけて用いられた 2 主桁橋では，主桁の間に横桁を渡してその上に縦桁をおき，主桁と縦桁の上に床版をのせて路面とした．多主桁橋では横桁や縦桁などの床組を用いずに，主桁の上に床版を直接のせて路面とした．道路の縦断線形が上げられない場合には，2 本の主桁の間に床組を設けて，その上に床版をのせる下路形式が用いられることがある．

写真 2-1　東京都千代田区の日本橋川に 1925（大正 14）年に架けられた一ツ橋．上路形式の鈑桁（プレートガーダー）橋．

写真 2-2　東京都江東区の大横川南支川に 1932（昭和 7）年に架けられた弁天橋．両側の主桁の間に路面がある下路形式の鈑桁（プレートガーダー）橋．

2.2.2 トラス橋の路面の位置

トラス橋では下弦材の格点に横桁を設けて縦桁を支持し，その上に床版をのせて路面とする下路形式と，上弦材の格点に横桁を設けて縦桁を支持し，その上に床版をのせて路面とする上路形式がある．

下路形式は都市部や平地部などに用いられ，上路形式は山間部で谷間を渡る場合などに用いられる．トラス高の中間に床組を設けて床版をのせ，路面とする中路形式もあるが，稀である．なお，下路形式でトラス高が低く上横構や対傾構を設けないものを，ポニートラス橋という．

写真 2-3　東京都江東区の大横川に 1929（昭和 4）年に架けられた大栄橋．下路形式の垂直材付ワーレントラス橋．

写真 2-4　東京都江東区の平久川に 1927（昭和 2）年に架けられた平久橋．ポニートラス橋．垂直材付ワーレントラス橋．

第 2 章　鋼橋の形式

写真 2-5　東京都奥多摩町の日原川沿いの倉沢に 1959（昭和 34）年に架けられた倉沢橋．上路形式の垂直材付ワーレントラス橋．

2.2.3　アーチ橋の路面の位置

アーチ橋ではアーチリブから下げた吊材で床組を支持し，その上に床版をのせて路面とする下路形式と，アーチリブ上に立てた支材で床組を支持し，その上に床版をのせて路面とする上路形式がある．下路形式と上路形式のいずれにおいても，補剛桁や補剛トラスが用いられる場合には，それらと吊材や支材の連結部に横桁を設けて縦桁を支持し床組とする．

写真 2-6　大阪市大正区と浪速区の境の木津川に 1937（昭和 12）年に架けられた大浪橋．下路形式のブレースドリブタイドアーチ橋．

2.2 鋼橋の主構造と路面（床構造）の関係

写真 2-7 東京都青梅市の多摩川に 1939（昭和 14）年に架けられた奥多摩橋．上路形式の 2 ヒンジブレースドリブアーチ橋．

写真 2-8 東京都奥多摩町の奥多摩湖畔に 1957（昭和 32）年に架けられた麦山橋．中路形式の 2 ヒンジブレースドリブアーチ橋．

　トラス橋と同様に，下路形式は都市部や平地部などに用いられ，上路形式は山間部で谷間を渡る場合などに用いられる．戦前には都市内でも上路形式が用いられたことがある．アーチリブの中間の高さに床組を設けて床版をのせて路面とする中路形式も少数ある．

2.2.4 吊橋の路面の位置

吊橋では主構造としてケーブルなどを用いるため，それから下げた吊材で補剛桁や補剛トラスを支持し，その上に設けた床組の上に床版をのせて路面とする下路形式となる．

近年，複数のPCケーブルを平行に並べて両端を固定し，それらをコンクリート板で補強したうえでその上に支柱を立てて床版を支えて路面とする，吊床版橋と呼ばれる構造形式がいくつか架けられている．コンクリート橋であるが，上路形式の吊橋ともいえる構造である．

写真 2-9　長崎県平戸市で平戸島との間の平戸瀬戸に1977（昭和52）年に架けられた平戸大橋．中央径間のみに補剛トラスがある単径間吊橋．両側径間の桁は吊橋とは独立している．（写真提供：松井幹雄氏）

写真 2-10　宮崎県延岡市の五ヶ瀬川の支流深谷川に1977（昭和52）年に架けられた速日峰橋．吊床版橋．（(株)ピーエス三菱 設計・提供，土木学会『橋 BRIDGES IN JAPAN 1977-1978』所載）

2.3　桁橋の形式

2.3.1　桁の断面形状

桁橋の主桁には鈑桁（プレートガーダー）が広く用いられてきた．戦後，構造解析や製作技術の進歩とともに箱桁（ボックスガーダー）も用いられるようになった．支間が短い場合には，圧延I型鋼や圧延H型鋼を並べて上に床版をおく比較的簡易な桁橋も架けられてきた．

2.3.2　鈑桁（プレートガーダー）橋

戦前は2主桁橋が多く用いられたが，これは主桁間に横桁を渡し，その上に縦桁をのせ，さらにその上に鉄筋コンクリート床版をのせるという床組構造が単純梁の理論で設計計算でき

写真 2-11　東京都世田谷区と川崎市高津区の境の多摩川に 1925（大正 14）年に架けられた二子橋．単純支持の 2 主桁 24 連からなる．主桁間に渡した横桁上に縦桁をおき，その上に床版をのせている．なお，二子橋は 1927（昭和 2）年から 1966（昭和 41）年まで電車を通しており，その軌道荷重は一方を主桁で，他の一方を縦桁間に横桁を渡して追加した縦桁で支持したものと思われる．

第2章　鋼橋の形式

るという利点があったためである（当時，鉄筋コンクリート床版も単位幅を有する梁として設計されていた）．

多主桁橋は戦前にもあったが，交通荷重の主桁間の分配は考慮せず，主桁と鉄筋コンクリート床版との合成効果も期待しないものであった．

写真 2-12　東京都台東区と墨田区の境の隅田川に 1928（昭和3）年に架けられた言問橋．3 径間のゲルバー桁橋で，中央径間に吊桁がある．橋脚上の支承の数が 4 つであることから 4 本主桁に見えるが，内側には各々 2 本の主桁が用いられており，主桁の数は合計 6 本である．床版は縦桁と横桁で固定したバックルプレートと呼ばれる中央が凹んだ鋼板の上にコンクリートを施工したものであり，床版と主桁の合成作用や主桁間の荷重分配は考慮されていない．

戦後になって，主桁に 3 本以上の鈑桁を用いるいわゆる多主桁橋が，ドイツから導入された格子桁理論や合成桁理論の普及とともに数多く架けられた．また，横桁や縦桁などの床組を用いずに鉄筋コンクリート床版が直接主桁上にのる構造がとられた．

格子桁理論は，交通荷重を主桁間に設けられた対傾構や横桁を介して他の主桁にも分担させて個々の主桁の負担を軽くしようとするものであり，初期には主桁の支間に複数の対傾構あるいは横桁を配置してその役割を期待したが，次第に効果的に荷重を分配するために桁高の高い荷重分配横桁を主桁の支間中央に配置するようになった．

合成桁理論は，鉄筋コンクリート床版と鋼桁をずれ止めで剛結して一体化することにより，

鉄筋コンクリート床版を床版としてのみならず主桁の一部としても機能させようとするものであり，これを設計に取り入れた橋は合成桁橋といわれる．当初は死荷重と活荷重の両方に対して合成作用を期待した死活荷重合成桁橋も架けられたが，施工の難しさなどから活荷重のみに対して合成作用を期待した活荷重合成桁橋が架けられるようになった．

鉄筋コンクリート床版に合成作用を期待しない桁橋は非合成桁橋と呼ばれるが，この場合でも主桁と鉄筋コンクリート床版が乖離しないように主桁上フランジの上に鉄筋を溶接したスラブ止めが用いられている．

写真 2-13 茨城県土浦市とつくば市の境の桜川に 1968（昭和 43）年に架けられた桜橋．2 主桁の単純支持合成桁 8 連からなる．戦後も幅員の狭い場合に 2 主桁橋が用いられた．横桁や縦桁を用いずに，鉄筋コンクリート床版を直接主桁にのせて，合成桁として設計している．

第 2 章　鋼橋の形式

写真 2-14　東京都足立区の荒川に 1961（昭和 36）年に架けられた西新井橋．橋の中央部は鋼床版を用いた 4 本主桁の 3 径間ゲルバー桁であるが，その両側に 7 本主桁の単純支持合成桁 5 連がそれぞれある．これらの単純支持桁では主桁の支間に複数の横桁を配置している．

写真 2-15

写真 2-15 茨城県土浦市の桜川に 1965（昭和 40）年に架けられた水神橋．3 本主桁の単純支持合成桁 3 連からなる．主桁の支間に複数の対傾構を配置している．

写真 2-16 茨城県つくば市の花室川に 1974（昭和 49）年に架けられた榎橋．4 本主桁の単純支持合成桁橋．主桁の支間中央に桁高の高い荷重分配横桁が設けられている．

　戦後，ドイツから鋼床版が導入され，初期には鈑桁にも用いられた．鋼床版は鋼板（デッキプレート）の下面を縦リブや横リブで補剛した構造であり，床版としての機能に加えて鈑桁や箱桁の上フランジの機能も期待する構造である．

第 2 章　鋼橋の形式

写真 2-17　東京都江戸川区の新川に 1957（昭和 32）年に架けられた宇喜田橋．2 主桁の単純支持鋼床版桁橋．

写真 2-18

写真 2-18 大阪市北区と淀川区の境の淀川に 1966（昭和 41）年に架けられた新十三大橋．2 主桁の 3 径間連続鋼床版桁 3 連からなる．

メモ・4

合成桁橋と非合成桁橋の違い

　合成桁橋と非合成桁橋の違いを外見で見分けるのは難しい．桁下から主桁の上フランジと下フランジを比較すると，非合成桁橋では鉄筋コンクリート床版の主桁の一部としての機能を期待せず，また圧縮応力による上フランジの不安定現象を避けるために，上フランジの断面は下フランジの断面より大きい．

　合成桁橋では鉄筋コンクリート床版も主桁の一部として機能することを期待し，また鉄筋コンクリート床版と上フランジの剛結により，圧縮応力による上フランジの不安定現象は生じないことから，上フランジの断面は下フランジの断面より小さい．

2.3.3　箱桁（ボックスガーダー）橋

　箱桁はねじれ剛性が大きく，鈑桁より長い支間が必要な場合や，道路の平面線形が曲線であったり，橋の平面形状が斜めであったりする場合に多用される．箱桁橋では箱桁を 1 本あるいは 2 本用いる場合が多いが，幅員が広い場合には 3 本以上の箱桁を用いることもある．また，床版に鉄筋コンクリート床版を用いる場合と鋼床版を用いる場合がある．

　鉄筋コンクリート床版を用いる場合には，鈑桁と同様に箱桁との合成効果の期待の有無により，合成箱桁橋と非合成箱桁橋がある．合成箱桁橋と非合成箱桁橋の違いは桁下から見ても区別がつきにくい．

第 2 章　鋼橋の形式

写真 2-19　茨城県取手市と千葉県我孫子市の境の利根川に 1974（昭和 49）年に架けられた大利根橋．上下線の構造は独立しており，それぞれ単径間＋3 径間連続＋2 径間連続の鉄筋コンクリート床版を有する 1 箱桁橋．箱桁の両側に張り出した鉄筋コンクリート床版は，箱桁のウェブから突き出したブラケットの先端に縦桁をおいて支持している．

写真 2-20

写真 2-20　東京都葛飾区と千葉県松戸市の境の江戸川に 1966（昭和 41）年に架けられた新葛飾橋．4 径間連続箱桁 2 連からなり，鉄筋コンクリート床版の 3 箱桁橋．箱桁の間の鉄筋コンクリート床版は，箱桁の間に渡した横桁の上に縦桁をおいて支持している．

鋼床版は箱桁構造に適用され，支間の長大化に貢献した．

写真 2-21　東京都中央区の隅田川に 1964（昭和 39）年に架けられた佃大橋．2 箱桁の 3 径間連続鋼床版箱桁橋．

2.3.4　I 桁橋と H 桁橋

戦前には，桁高 30〜60cm 程度の圧延 I 型鋼を並べて，その上に鉄筋コンクリート床版をのせる I 桁橋が小規模な橋に用いられた．戦後昭和 40 年頃から桁高最大 1m 程度の圧延 H 型鋼がつくられるようになると，これを主桁とする H 桁橋も架けられた．いずれも単純支持桁として用いられた場合が多い．

写真 2-22　茨城県土浦市の花室川に 1975(昭和 50) 年に架けられた大川橋．3 本主桁の H 桁橋 2 連．主桁支間中央に H 型鋼の横桁．

2.3.5　桁橋の支持方法

桁橋の基本は，一方が回転は自由であるが水平移動のないピン支承で，もう一方が回転と水平移動が共に自由の（ピン＋ローラー）支承で支持された単純支持の桁橋である．前者を固定支承，後者を可動支承という．ただし，支間が小さく，荷重による桁のたわみに伴う桁端の角度変化や温度変化に伴う桁の伸縮が少ない場合には，両端の支承部に鋼板を敷いて一方を固定し，他方は固定せずに水平移動を可能にしたものもある．

単純支持の桁を片側もしくは両側の支点を越えて伸ばして，その先端で吊桁を支える構造が

ゲルバー桁であり，単純支持桁橋の支間を伸ばしたいときに用いられた．吊桁を支える側の桁を定着桁という．3つ以上の支点で支えて複数の径間を連続して渡る構造の桁を連続桁という．

2.3.6 単純支持桁橋

単純支持桁橋は桁橋の基本の形式として，明治以降今日まで多数架けられてきた．

写真 2-23 東京都日野市と立川市の境の多摩川に 1926（昭和元）年に架けられた日野橋．単純支持の鈑桁 20 連からなる．2 主桁橋であったが，両側に溶接桁各 1 本を追加して拡幅．床組も横桁を補強のうえ，3 本縦桁に 2 本を追加して床版を支持．

写真 2-24 東京都葛飾区の新中川に 1958（昭和 33）年に架けられた八剣橋．単純支持の鈑桁 9 連からなる．4 本主桁．

写真 2-25　東京都大田区と川崎市中原区の境の多摩川に 1960（昭和 35）年に架けられたガス橋．低水路部に単純支持の鋼床版箱桁 3 連があり，その前後に 2 径間ゲルバー桁と 7 径間ゲルバー桁＋2 径間ゲルバー桁がある．

2.3.7　ゲルバー桁橋

　ゲルバー桁橋は昭和の初めから 30 年代にかけてよく用いられた．ゲルバー桁が用いられたのは，基礎の沈下により下部構造が変位しても上部構造への影響が少なくてすむものと考えられたことと，静定構造のため設計計算を簡単に行えたことによる．

　なお，ゲルバー桁はドイツのハインリッヒ・ゲルバー（Heinrich Gerber）が 1866 年に特許を取得した形式であり，カンチレバー桁，片持ち桁とも呼ばれる．

写真 2-26　東京都墨田区の大横川に 1931（昭和 6）年に架けられた南辻橋．3 径間のゲルバー桁橋．中央径間に吊桁がある．

2.3 桁橋の形式

写真 2-27　東京都墨田区の北十間川に 1939（昭和 14）年に架けられた十間橋．両側の橋台に埋め込まれた定着桁の先端に吊桁が支持されている，いわば単径間のゲルバー桁橋．

写真 2-28　東京都葛飾区の新中川に 1961（昭和 36）年に架けられた奥戸新橋．5 径間のゲルバー桁橋．偶数径間が定着桁で，奇数径間に吊桁がある．

写真 2-29　東京都江東区と江戸川区の境の荒川に 1963（昭和 38）年に架けられた葛西橋．3 径間の吊補剛ゲルバー桁橋．自碇式吊橋のように見えるが，中央径間に吊桁が入っている．斜張橋のように，支点上の柱から吊材で定着桁を吊って補剛している．

第 2 章　鋼橋の形式

写真 2-30　東京都江戸川区の荒川に 1971（昭和 46）年に架けられた船堀橋．3 径間のゲルバー箱桁と単純支持合成箱桁 2 連からなる．ゲルバー箱桁の吊桁は中央径間にある．

2.3.8　連続桁橋

連続桁は戦前にも架けられたが，数は少ない．戦後，下部構造や設計計算の技術の向上とともにゲルバー桁に代わって用いられるようになった．

写真 2-31　京都市東山区と下京区の境の鴨川に 1942（昭和 17）年に架けられた四条大橋．10 本主桁の 3 径間連続鈑桁橋．

2.3 桁橋の形式

写真 2-32 千葉県野田市と茨城県境町の境の利根川に 1964（昭和 39）年に架けられた境大橋．3 径間連続鈑桁 3 連からなる．

写真 2-33 神奈川県三浦市の三浦半島と城ヶ島の間に 1960（昭和 35）年に架けられた城ヶ島大橋．3 径間連続鋼床版箱桁橋．

2.4 トラス橋の形式

2.4.1 トラスの組み方

　わが国でトラス橋が初めて架けられたのは 1869（明治 2）年横浜の吉田橋であり，イギリスから輸入した錬鉄を用いたポニー形式のワーレントラスであった．その後も輸入錬鉄を用いたトラスが架けられたが，プラットトラスが多く用いられた．プラットトラスは引張力が作用する下弦材と斜材にアイバーを用いて格点でピン結合する構造であったが，耐久性に問題があったため次第にリベットで連結する方式に変わっていった．そのプラットトラスも次第にワーレントラスに代わっていった．

　これらのトラスの支間が長く，支間中央部の設計曲げモーメントが大きい場合には，中央部でトラス高を高くした曲弦トラスが用いられた．高強度の鋼材の開発に伴い，平行弦トラスが架けられるようになった．

写真 2-34　東京都中央区の亀島川に 1932（昭和 7）年に架けられた南高橋．下路形式で単純支持の曲弦プラットトラス橋．1923（大正 12）年の関東大震災により被災した旧両国橋はイギリスから輸入した錬鉄を用いて 1904（明治 37）年に隅田川に架けられた曲弦プラットトラス 3 連からなる橋であった．南高橋はそのうちの中央径間を修理して再度架けられたものである．引張力の作用する斜材と下弦材にアイバーを用い，格点はピン結合である．

2.4 トラス橋の形式

写真 2-35 東京都江東区の大横川に 1930（昭和 5）年に架けられた東富橋．下路形式で単純支持の平行弦プラットトラス橋．

写真 2-36 埼玉県栗橋町と茨城県古河市の境の利根川に 1924（大正 13）年に架けられた利根川橋．下路形式で単純支持の垂直材付曲弦ワーレントラス 4 連，ポニートラス 9 連，3 径間連続桁＋単純支持桁からなる．桁の部分は 1953（昭和 28）年に河川改修による引き堤に伴って加えられた．トラスの床組は，左右の下弦材の格点に横桁を渡し，その上に縦桁をのせて鉄筋コンクリート床版を支持する構造である．上路形式のトラスの床組でも，左右の上弦材の格点に横桁を渡して同様な構造がとられる．

第 2 章　鋼橋の形式

写真 2-37　東京都江東区の仙台堀川に 1929（昭和 4）年に架けられた崎川橋．下路形式で単純支持の垂直材付平行弦ワーレントラス橋．

写真 2-38　茨城県結城市と筑西市の境の鬼怒川に 1960（昭和 35）年に架けられた鬼怒川大橋．下路形式で単純支持の曲弦ワーレントラス 4 連と，その前後の 7 径間と 9 径間の鉄筋コンクリートゲルバー桁からなる．

2.4 トラス橋の形式

写真 2-39 茨城県取手市の小貝川に 1971（昭和 46）年に架けられた高須橋．下路形式で単純支持の平行弦ワーレントラス 3 連からなる．

メモ・5

トラスの進化の歴史

　ヨーロッパでは中世から近世にかけて建築物の屋根や橋に木製トラスが用いられていたが，それらは両支点に斜め方向の力が作用するアーチ的な構造であった．その後，19 世紀に入ってとくにアメリカにおいて鉄道橋の建設とともに発展し，その組み方も木材，鋳鉄，錬鉄，鋼などの材料の進化とともに種々考案され，材料の変化とともに淘汰されてきた．

　木製トラスの時代，1820 年にイシェル・タウン（Ithiel Town）が両支点に桁と同様に鉛直力のみが作用する，腹材を板で綾（ラチス）状に組んだタウントラス（**図 2-1**）の特許を取得した．1830 年にはステフェン・ロング（Stephen Long）が腹材を柱状の斜材と垂直材とで構成するロングトラス（**図 2-2**）の特許を取得した．1840 年にはウィリアム・ハウ（William Howe）が垂直材に錬鉄を用いた木鉄混合のハウトラス（**図 2-3**）の特許を取得した．これは，垂直材に錬鉄を用いて引張力を受けさせて，斜材の木材には圧縮力を受けさせるようにしたものである．1844 年にはカレブ（Caleb）とトーマス（Thomas）のプラット（Pratt）父子は，逆に斜材に錬鉄を用いたプラットトラス（**図 2-4**）の特許を取得した．これは，斜材に錬鉄を用いて引張力を受けさせ，垂直材には木材を用いて圧縮力を受けさせるようにしたものである．

　錬鉄が高価な時代にはその使用が少なくてすむハウトラスが改良を重ねて用いられた（**図 2-5**）が，錬鉄製のトラスの台頭とともに木製トラスは衰退した．錬鉄製トラスにはプラットトラスが改良を重ねて用いられた（**図 2-6**）．ハウトラスの斜材は圧縮力のみを受けるものとして設計され，プラットトラスの斜材は引張力のみを受けるものとして設計された．したがって，ハウトラスの斜材が引張力を受ける場合には，その格間に対材（**図 2-5** 中の破線）を配置して圧縮力を受け持たせて，元の斜材が引張力に抵抗しなくてもすむようにし

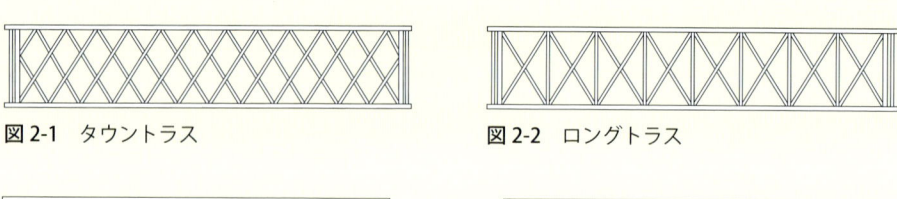

第 2 章　鋼橋の形式

図 2-1　タウントラス

図 2-2　ロングトラス

図 2-3　ハウトラス（特許当時）

図 2-4　プラットトラス（特許当時）

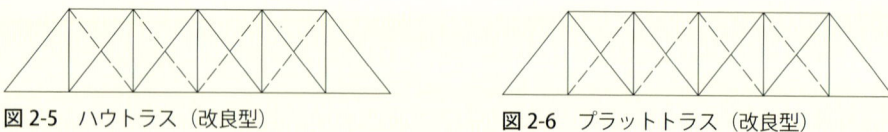

図 2-5　ハウトラス（改良型）

図 2-6　プラットトラス（改良型）

た．同様に，プラットトラスの斜材が圧縮力を受ける場合には，その格間に対材（図 2-6 中の破線）を配置して引張力を受け持たせて，元の斜材が圧縮力に抵抗しなくてもすむようにした．

　1848 年にイギリスのジェームズ・ワーレン（James Warren）がワーレントラス（図 2-7）の特許を取得したが，これは斜材が引張力と圧縮力の両方を受ける構造である．ワーレントラスの支間が長くなるとトラス高が高くなり，それに伴って格間も長くなって床版を支持する縦桁の支間が長くなるため，垂直材を加えて格間を短くして縦桁の支間を短くする方法がとられた（図 2-8）．

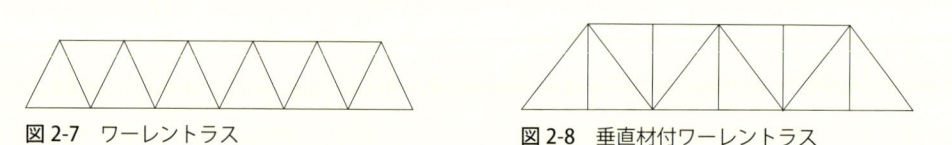

図 2-7　ワーレントラス

図 2-8　垂直材付ワーレントラス

　このメモの文と図は，成瀬輝男著「鋼橋前史（II）欧米大陸におけるトラスの発展」（カラム No.97，1985.7）と「アメリカでの鉄製トラス橋の誕生と発展」（橋梁と基礎，1993.8）を主に参考にして作成した．

2.4.2 トラスの支持方法

トラス橋の基本は，桁橋と同様に一方はピン支承，もう一方は（ピン＋ローラー）支承で支持された単純支持のトラス橋である．前者を固定支承，後者を可動支承という．単純支持のトラスを片側もしくは両側の支点を越えて伸ばして，その先端で吊トラスを支える構造がゲルバートラスであり，単純支持トラス橋の支間を伸ばしたいときに用いられた．吊トラスを支える側のトラスを定着トラスという．3 つ以上の支点で支えて複数の径間を連続して渡る構造のトラスを連続トラスという．

ゲルバートラス橋は，ゲルバー桁橋と同様の理由で昭和の初めから 30 年代までよく用いられた．その後連続トラス橋が用いられるようになった．

2.4.3 下路形式の単純支持トラス橋

写真 2-40 東京都江東区の小名木川に 1930（昭和 5）年に架けられた西深川橋．下路形式で垂直材付曲弦ワーレントラスの単純支持トラス橋．

写真 2-41 東京都墨田区の大横川に 1929（昭和 4）年に架けられた平川橋．平行弦ワーレントラスのポニートラス橋．

写真 2-42 福島市の阿武隈川に 1925（大正 14）年に架けられた松齢橋．ボウストリングトラス 4 連からなる．ボウストリングトラスは上弦材を弓（ボウ）に，下弦材を弦（ストリング）に見立てた構造で，1841 年にアメリカのスクワイア・ウィップル(Squire Whipple)が特許を取得した形式である．上弦材をアーチリブ，下弦材をタイと考えて，ボウストリングアーチと呼ぶこともある．日本には明治の初めに導入され，戦後間もなくまで用いられた．1873（明治 6）年架設の旧心斎橋が大阪鶴見緑地で緑地西橋の名前で，1878（明治 11）年架設の旧弾正橋が東京深川八幡宮で八幡橋の名前で，それぞれ実物に接することができる．

2.4.4　下路形式のゲルバートラス橋

写真 2-43　新潟県長岡市の信濃川に 1937（昭和 12）年に架けられた長生橋．下路形式で垂直材付曲弦ワーレントラスの 13 径間ゲルバートラス橋．奇数径間が定着トラスで，偶数径間に吊トラスがある．設計曲げモーメントが大きな支点上においてトラス高を高くしている．ゲルバートラス橋ではゲルバーヒンジの位置で定着トラスに吊トラスが支持されているが，力学上必要のない冗材（あるいは剰材）を用いて弦材を連続させている場合には，ゲルバーヒンジの位置がわかりにくいことがある．

2.4 トラス橋の形式

写真 2-44 千葉県野田市の利根川に 1958（昭和 33）年に架けられた芽吹大橋．下路形式で垂直材付平行弦ワーレントラスの 3 径間ゲルバートラス 2 連からなる．それぞれ中央径間が定着トラスで，両側径間に吊トラスがある．冗材を用いて上弦材を連続させているため，ゲルバーヒンジの位置がわかりにくい．冗材は温度変化による部材の伸縮などを吸収できるように，スライドできる構造になっているので，これに注意すれば見分けることができる．冗材は単純トラスが連坦する場合の橋脚上でも用いられることがある．

2.4.5 下路形式の連続トラス橋

写真 2-45 山梨県身延町の富士川に 1955（昭和 30）年に架けられた富士川橋．下路形式で垂直材付上弦材曲弦ワーレントラスの 3 径間連続トラス橋．

第 2 章　鋼橋の形式

写真 2-46　茨城県常総市の鬼怒川に 1965（昭和 40）年に架けられた豊水橋．下路形式で平行弦ワーレントラスの 4 径間連続トラス橋．

写真 2-47　熊本県宇城市三角半島と上天草市の間の三角の瀬戸に 1966（昭和 41）年に架けられた天門橋．下路形式で下弦材曲弦プラットトラスの 3 径間連続トラス橋．（写真提供：松井幹雄氏）

2.4.6 上路形式の単純支持トラス橋

写真 2-48 山梨県大月市に 1933（昭和 8）年に架けられた梁川橋．上路形式で垂直材付下弦材曲弦ワーレントラスの単純支持トラス橋．下弦材が下に凸になった曲弦の単純支持トラス橋．上路形式の単純支持トラス橋でも，支間中央部の設計曲げモーメントが大きな場合には，支間中央部でトラス高を高くした曲弦トラスが用いられた例があり，梁川橋は数少ない事例のひとつである．

写真 2-49 東京都奥多摩町の日原川に 1955（昭和 30）年に架けられた平石橋．上路形式で垂直材付平行弦ワーレントラスの単純支持トラス橋．

写真 2-50 東京都青梅市の多摩川に 1939（昭和 14）年に架けられた奥多摩橋の側径間．奥多摩橋の主径間は上路形式の 2 ヒンジブレースドリブアーチであるが，両側径間は下路形式のボウストリングトラスを上下逆にしたような上弦材が直線で下弦材が曲線のトラスであり，上路形式のボウストリングトラスとでもいえそうな珍しい構造である．

2.4.7　上路形式のゲルバートラス橋

写真 2-51　長野県佐久市の千曲川に 1932（昭和 7）年に架けられた中津橋．上路形式で下弦材曲弦プラットトラスの 3 径間ゲルバートラス橋．両側径間が定着トラスで，中央径間に吊トラスがある．

写真 2-52　山梨県大月市の桂川に 1958（昭和 33）年に架けられた大月橋．上路形式で垂直材付下弦材曲弦ワーレントラスの 3 径間ゲルバートラスと単純支持桁 3 連からなる．ゲルバートラスは中央径間が定着トラスで，両側径間に吊トラスがある．

2.4.8 上路形式の連続トラス橋

写真 2-53 岐阜県中津川市の木曽川に 1966（昭和 41）年に架けられた玉蔵橋．上路形式で垂直材付下弦材曲弦ワーレントラスの 3 径間連続トラス橋．

写真 2-54 岐阜県八百津町の木曽川に 1975（昭和 50）年に架けられた八百津大橋．上路形式で平行弦ワーレントラスの 3 径間連続トラス橋．

2.5 アーチ橋の形式

2.5.1 アーチリブの形式

アーチ橋のリブには，ソリッドリブ（充腹リブ）とブレースドリブ（トラスリブ）がある．アーチの支間が大きな場合にはブレースドリブが用いられた．

写真 2-55　東京都台東区の神田川に 1929（昭和 4）年に架けられた柳橋．ソリッドリブタイドアーチ橋．

写真 2-56　東京都江東区の小名木川に 1930（昭和 5）年に架けられた萬年橋．ブレースドリブタイドアーチ橋．

2.5.2 下路形式のアーチ橋の種類

下路形式のアーチ橋のうち，アーチリブの両端で移動は拘束されるが，回転は自由なヒンジ支承のものを 2 ヒンジアーチ，アーチリブの両端で移動も回転も拘束された固定支承のものを両端固定アーチという．アーチリブの両端をタイで結んで水平移動を拘束して支点に水平反力を生じさせなくしたものをタイドアーチという．

アーチリブと補剛桁もしくは補剛トラスをそれらの両端で剛結して，アーチリブには圧縮力のみを受け持たせるとして設計したものをランガー桁あるいはランガートラス，アーチリブと桁をそれらの両端で剛結して，アーチ部材には圧縮力とともに曲げモーメントやせん断力も受け持たせるとして設計したものをローゼ桁という．また，ランガー桁の腹材をトラス状に配置したものをトラスドランガー桁，ローゼ桁の腹材をケーブルでトラス状に組んだものをニールセンローゼ桁という．これらは総称して補剛アーチ橋と呼ばれる．

ランガー桁はオーストリアのヨゼフ・ランガー（Josef Langer）が 1859 年に特許を取得した形式，ローゼ桁はドイツのヘルマン・ローゼ（Hermann Lohse）が考案した形式である（1872 年ドイツのエルベ川に 3 連のレンズ形の鉄道橋を建設したのが嚆矢）．ニールセンローゼ桁はスウェーデンのニールセン（Octavius F.Nielsen）が 1926 年に特許を取得した形式である．

2.5.3 下路形式の 2 ヒンジアーチ橋と両端固定アーチ橋

2 ヒンジアーチの両側の支点には鉛直反力に加えて水平反力が作用し，両端固定アーチの両側の支点には鉛直反力と水平反力に加えて固定モーメントも作用する．このため，いずれにおいても支点が移動しないことが重要である．

2 ヒンジアーチでは支点に作用する水平反力がアーチリブに作用する鉛直外力による曲げモーメントを軽減させる効果があり，両端固定アーチではこの効果に加えて支点に作用する固定モーメントも鉛直外力による曲げモーメントを軽減させる効果がある．

写真 2-57 大阪市北区と福島区の境の堂島川に 1927（昭和 2）年に架けられた堂島大橋．下路形式の 2 ヒンジソリッドリブアーチ橋．

第 2 章　鋼橋の形式

写真 2-58　東京都奥多摩町の奥多摩湖沿いの峰谷川に 1957（昭和 32）年に架けられた峰谷橋．下路形式の 2 ヒンジブレースドリブアーチ橋．

写真 2-59　静岡県伊豆市の狩野川に 1960（昭和 35）年に架けられた修善寺橋．ランガー桁橋に見えるが，アーチリブが両橋台にヒンジで支持されている下路形式の 2 ヒンジソリッドリブアーチ橋．路面を支える桁 4 本は両端でアーチリブとは独立して橋台で支持され，その中間はアーチリブから吊られた吊材で支持されている．橋端でのアーチリブと桁の挙動の違いによって吊材に過度の力が作用するのを避けるために，橋台に最も近い吊材の上端はアーチリブにピンで連結されている．

2.5.4 タイドアーチ橋

タイドアーチはアーチリブの両端をタイで連結しており,両端の支点に鉛直反力は生じるが水平反力は生じない外的静定構造であり,単純支持桁や単純支持トラスと同様に固定支承と可動支承で支えている.

写真 2-60　東京都台東区と墨田区の境の隅田川に 1929（昭和 4）年に架けられた厩橋.ソリッドリブタイドアーチ 3 連からなる.

写真 2-61　栃木県足利市の渡良瀬川に 1936（昭和 11）年に架けられた中橋.ブレースドリブタイドアーチ 3 連からなる.床組は,タイと吊材の左右の交点（格点）に横桁を渡し,横桁の間に縦桁を渡して鉄筋コンクリート床版を支持する構造である.下路形式のアーチの床組には吊材で支持された横桁に縦桁を渡してその上に床版をのせる構造がとられ,上路形式のアーチの床組には支柱に支持された横桁に縦桁を渡してその上に床版をのせる構造がとられる.補剛桁や補剛トラスがある場合には,横桁の位置はそれらと吊材や支材の交点（格点）となる.

2.5.5 下路形式の補剛アーチ橋

ランガー桁,ランガートラス,ローゼ桁,トラスドランガー桁,ニールセンローゼ桁はタイドアーチと同じく,いずれも両端の支点には鉛直反力は生じるが水平反力は生じない外的静定構造であり,単純支持桁や単純支持トラスと同様に固定支承と可動支承で支えている.

これらはタイドアーチを含めて,いずれもアーチリブからの水平反力をタイ,補剛桁,補剛トラスが受け持つ,いわば自碇式のアーチ橋といえる.ランガー桁のなかには架設後補強のために斜材を追加しているものがある.

なおランガー桁やローゼ桁は,海外では下路形式の補剛アーチ橋と呼ばれることが多いようである.

写真 2-62 東京都江東区の平久川に 1938(昭和 13)年に架けられた白妙橋.桁の両端上部にヒンジを設け,これを介してアーチリブが設けられた珍しい構造である.当時東京都嘱託であった安宅勝博士によると,橋長 39.4 m,幅員 4m,形式は 1 径間補剛鈑桁である(「東京市に於ける特殊橋梁に就いて」,道路,1940.11).つまり,長支間を渡るために鈑桁をアーチ部材で補強したもので,鈑桁の上に 2 ヒンジソリッドリブアーチをのせたような構造になっている.

写真 2-63 茨城県茨城町の涸沼川に 1955(昭和 30)年に架けられた高橋.ランガー桁と単純支持桁 3 連からなる.

2.5 アーチ橋の形式

写真 2-64 愛知県弥富市と三重県桑名市の境の木曽川に 1933（昭和 8）年に架けられた尾張大橋．ランガートラス 13 連とポニートラス 1 連からなる．

写真 2-65 茨城県常陸太田市と城里町の境の那珂川に 1949（昭和 24）年に架けられた那珂川大橋．ランガートラス 4 連からなる．

写真 2-66 静岡県伊豆の国市の狩野川に 1954（昭和 29）年に架けられた千歳橋．ローゼ桁と前後の単純支持桁それぞれ 3 連からなる．

51

第 2 章　鋼橋の形式

写真 2-67　三重県鳥羽市の生浦湾に 1973（昭和 48）年に架けられた麻生の浦大橋．ニールセンローゼ桁橋．

写真 2-68　東京都奥多摩町の奥多摩湖に 1969（昭和 44）年に架けられた三頭橋．ニールセンローゼ桁に見えるが，アーチリブの両端は桁と剛結せずにヒンジで橋台に支持されており，2 ヒンジアーチである．床版を支える 4 本の縦桁は，アーチリブから斜めの吊材で吊られた横桁で支えられ，両端は橋台上にローラーで支持されている．床組とアーチリブの挙動の違いによって橋端付近の吊材が力の大きな変動を受けるのを避けるために，4 本の縦桁端と橋台の間に水平バネが挿入されている．当時の工事報告（「奥多摩大橋（仮称）上部工工事報告」土木学会誌，1970.5）では，外的静定構造のニールセンローゼ桁とせずに外的不静定構造とした理由に，ニールセンローゼ桁における吊材の応力調整の難しさなどをあげている．

写真 2-69　神奈川県相模原市と山梨県上野原市の境の相模川（桂川）に 1967（昭和 42）年に架けられた境川橋．関野昌丈著『かながわの橋』（かもめ文庫，1961.11）では，アーチの腹材に鋼棒を用いたトラスドランガー桁（別名ニールセン橋）と表現している．ニールセンランガー桁といいたい構造である．

写真 2-70　富山県黒部市と入善町の境の黒部川に 1966（昭和 41）年に架けられた下黒部橋．トラスドランガー桁 4 連とその前後の単純支持箱桁それぞれ 3 連からなる．

> **メモ・6**
>
> ### ソリッドリブタイドアーチ・ランガー桁・ローゼ桁の違い
>
> 　下路形式のアーチ橋のなかで，ソリッドリブタイドアーチ，ランガー桁，ローゼ桁はいずれもアーチリブがソリッドでアーチリブの両端が水平部材で結ばれているため，区別がつきにくい．
> 　ソリッドリブタイドアーチではアーチリブが曲げモーメント，せん断力，軸力（圧縮力）を受け持ち，タイは引張力のみを受け持つために，アーチリブの断面が大きく，タイの断面は小さい．ランガー桁ではアーチリブは圧縮力のみを受け持ち，補剛桁は曲げモーメント，せん断力，軸力（引張力）を受け持つとして設計するために，アーチリブの断面は小さく，また格点で折れ曲がって格点間では直線状をしているものが多く，補剛桁の断面はアーチリブに比べて大きい．ローゼ桁ではアーチリブと補剛桁はともに曲げモーメント，せん断力，軸力（アーチリブは圧縮力，補剛桁は引張力）を受け持つとして設計するために，アーチリブと補剛桁の断面は大きく異ならない．

第 2 章 鋼橋の形式

2.5.6 下路形式のバランスドアーチ橋

アーチの径間の両側にもアーチや桁の径間を有するものをバランスドアーチといい，下路形式にも上路形式にも用いられる．

写真 2-71 東京都中央区と江東区の境の隅田川に 1926（大正 15）年に架けられた永代橋．下路形式のソリッドリブバランスドアーチ橋．中央径間はソリッドリブタイドアーチで，両側径間には吊桁がある．

写真 2-72 東京都荒川区と墨田区の境の隅田川に 1931（昭和 6）年に架けられた白鬚橋．下路形式のブレースドリブバランスドアーチ橋．中央径間はブレースドリブタイドアーチで，両側径間には吊トラスがある．

2.5.7 上路形式のアーチ橋の種類

上路形式のアーチ橋には，下路形式と同様に 2 ヒンジアーチ，両端固定アーチがあり，また両端ヒンジのアーチリブの上に補剛桁を設けてアーチリブには圧縮力のみを受け持たせるとして設計する逆ランガー桁，同じく両端ヒンジのアーチリブの上に補剛桁を設けてアーチリブ

に圧縮力，曲げモーメント，せん断力を受け持たせるとして設計する逆ローゼ桁，アーチリブの上のスパンドレル部にトラスを組んだスパンドレルブレースドアーチなどがある．

2.5.8 上路形式の2ヒンジアーチ橋と両端固定アーチ橋

下路形式の2ヒンジアーチや両端固定アーチと同様に，2ヒンジアーチの両側の支点には鉛直反力に加えて水平反力が作用し，両端固定アーチの両側の支点には鉛直反力と水平反力に加えて固定モーメントも作用する．したがって，これらでは支点が移動しないことが重要である．

写真 2-73　東京都台東区と墨田区の境の隅田川に1927（昭和2）年に架けられた蔵前橋．上路形式の2ヒンジソリッドリブアーチ3連からなる．アーチリブは10本．上路形式の2ヒンジソリッドリブアーチでは，アーチリブを3本以上設けて路面を支持した事例が多い．

写真 2-74　福島市の摺上川に1915（大正4）年に架けられた十綱橋．上路形式の2ヒンジブレースドリブアーチ橋．

写真 2-75 長崎県大村湾口の伊の浦瀬戸に 1955（昭和 30）年に架けられた西海橋．上路形式の両端固定ブレースドリブアーチ橋．（写真提供：松井幹雄氏）

2.5.9 上路形式の補剛アーチ橋

　下路形式のランガー桁やローゼ桁の補剛桁は両端でアーチリブと剛結されているために，補剛桁には曲げモーメントやせん断力に加えて引張力が作用するが，上路形式の逆ランガー桁や逆ローゼ桁の補剛桁の両端はアーチリブとは独立して支持されているために，補剛桁には曲げモーメントやせん断力が作用するが軸力は作用せず，アーチリブの支点には 2 ヒンジアーチの場合と同様に鉛直反力に加えて水平反力が生じる．したがって，支点が移動しないことが重要である．逆ランガー桁のなかには架設後補強のために斜材を追加しているものがある．

　なお，逆ランガー桁や逆ローゼ桁の名称は，それぞれ下路形式のランガー桁やローゼ桁のアーチリブや補剛桁の役割を上路形式のアーチにあてはめてつけたわが国独特の呼び方である．海外では上路形式の補剛アーチ橋と呼ばれることが多いようである．

2.5　アーチ橋の形式

写真 2-76　東京都青梅市の多摩川に 1969（昭和 44）年に架けられた神代橋．逆ランガー桁橋．

写真 2-77　東京都青梅市の多摩川に 1957（昭和 32）年に架けられた万世橋．補剛桁がトラス構造になっている逆ランガートラス橋とでもいいたい珍しい構造である．

写真 2-78　東京都青梅市の多摩川に 1973（昭和 48）年に架けられた下奥多摩橋．逆ローゼ桁橋．

第 2 章　鋼橋の形式

写真 2-79　横浜市中区と南区の境の市道が横浜駅根岸道路を渡る地点に 1928（昭和 3）年に架けられた打越橋．2 ヒンジアーチに補剛トラスがついた逆ローゼトラスとでもいう形式に見えるが，橋に作用する曲げモーメントを分担する補剛トラスにしては小さく，床組の縦桁をトラス構造にしたようにも見える．

> **メモ・7**
>
> ### 上路形式のソリッドリブアーチ・逆ランガー桁・逆ローゼ桁の違い
>
> 　上路形式のアーチ橋のなかで，ソリッドリブアーチ，逆ランガー桁，逆ローゼ桁はいずれもアーチリブがソリッドで，アーチリブ上に支柱で床組あるいは補剛桁を支えているために区別がつきにくい．
> 　ソリッドリブアーチではアーチリブが曲げモーメント，せん断力，軸力（圧縮力）を受け持ち，床組は補剛桁の機能を持たないために，アーチリブの断面が大きく，床組の断面は小さい．
> 　逆ランガー桁ではアーチリブは圧縮力のみを受け持ち，補剛桁は曲げモーメントとせん断力を受け持つとして設計するために，アーチリブの断面は小さく，また格点で折れ曲がって格点間では直線状をしているものが多く，補剛桁の断面はアーチリブに比べて大きい．
> 　逆ローゼ桁ではアーチリブは曲げモーメント，せん断力，軸力（圧縮力）を受け持ち，補剛桁は曲げモーメントとせん断力を受け持つとして設計するために，アーチリブと補剛桁の断面に大きな違いはない．

2.5.10 スパンドレルブレースドアーチ橋

スパンドレルブレースドアーチ橋はアーチとトラスの性格を併せ持った構造である．

写真 2-80　横浜市中区の堀川に 1927（昭和 2）年に架けられた谷戸橋．中央にもヒンジがある 3 ヒンジのスパンドレルブレースドアーチ橋．

写真 2-81　神奈川県相模原市の相模湖沿いの沢井川に 1933（昭和 8）年に架けられた吉野橋．スパンドレルブレースドアーチ橋．

写真 2-82　仙台市青葉区の広瀬川に 1954（昭和 29）年に架けられた熊ヶ根橋．スパンドレルブレースドアーチ橋．2006（平成 18）年に拡幅と補強が行われた．

2.5.11 上路形式のバランスドアーチ橋

写真 2-83 大阪市中央区の東横堀川に 1935（昭和 10）年に架けられた平野橋．上路形式のソリッドリブバランスドアーチ橋．上路形式でありながら両橋端でアーチリブと補剛桁が剛結されている自碇式で，非常に珍しい．

写真 2-84 栃木県那須塩原市と那須町の境の那珂川に 1931（昭和 6）年に架けられた晩翠橋．上路形式のブレースドリブバランスドアーチ橋．

2.6 ラーメン橋の形式

　桁と柱を剛結した構造をラーメン（ドイツ語）といい，フレーム（英語），あるいは剛結構造ともいわれ，橋の主構造に用いられるほか，橋脚や橋台にも用いられる．ラーメンの桁と柱が門型のものを門型ラーメン，門型ラーメンが連続するものを連続ラーメン，門型ラーメンの桁が両側の柱を越えてπ型をなすものをπ型ラーメン，π型ラーメンの柱が下方に斜めに開いているものを方杖ラーメンと呼ぶ．

　ラーメン橋は桁と橋脚で構成されることから桁橋の仲間といえる．ただし，ラーメンの支点には鉛直反力に加えて水平反力が生じる．ラーメンの部材は直線で，アーチリブは曲線の違いはあるが，ラーメンとアーチの力学特性には類似性がある．

写真 2-85　東京都文京区と千代田区の境の神田川に 1931（昭和 6）年に架けられた御茶ノ水橋．π型ラーメン橋で両側径間に吊桁がある．

写真 2-86　東京都奥多摩町に 1969（昭和 44）年に架けられた南氷川橋．方杖ラーメン橋で両側径間に吊桁がある．

第 2 章　鋼橋の形式

写真 2-87　東京都中央区の日本橋川に 1927（昭和 2）年に架けられた豊海橋．上部構造自体がラーメン構造のフィーレンディール橋．フィーレンディール橋はベルギーのアーサー・フィーレンディール（Arthur Vierendeel）が 1896 年に考案した形式である．

2.7　斜張橋の形式

　斜張橋は，塔から桁やトラスをケーブルで吊って支える構造であり，吊橋とともに吊構造の仲間とすることがあるが，桁やトラスをケーブルで支持した構造であることから，桁橋やトラス橋の仲間ともいえる．

　ケーブルで吊る桁やトラスの径間数に注目すると，片側の橋台上に立てた主塔から桁やトラスを吊る 1 径間の場合，橋脚を 1 基設置してその上に立てた主塔から両側の径間の桁やトラスを吊る 2 径間の場合，橋脚を 2 基設置してその上に立てた 2 本の主塔から中央径間と両側径間の桁やトラスを吊る 3 径間の場合がある．1 径間の場合には，主塔に作用する水平力に抵抗するために桁やトラスを吊るケーブルと反対側にケーブルで控えをとる．2 径間や 3 径間の場合には，ケーブルで吊っている桁やトラスの径間を超えて桁やトラスを連続させることもある．

　主塔の形状には独立柱，A 型，H 型，逆 Y 型などが用いられている．ケーブルで桁やトラスを吊る方法には，幅員の中央で吊る 1 面吊りと，幅員の両側で吊る 2 面吊りがある．ケーブルの張り方には，ケーブルをハープの弦のように平行に張る方法，ファン（扇）のように下で拡がるように張る方法などがある．初期には，不静定次数が少なくかつケーブルの張力管理が容易なようにケーブル本数の少ない斜張橋が建設された．その後，構造計算や張力管理の技術向上に伴ってケーブル本数の多い斜張橋が建設されるようになった．

写真 2-88　千葉県香取市と茨城県稲取市の境の利根川に 1977（昭和 52）年に架けられた水郷大橋．2 径間斜張橋．幅員中央の主塔から 2 段の平行ケーブル 1 面で桁を吊っている．

第 2 章　鋼橋の形式

写真 2-89　大阪市東淀川区と旭区の境の淀川に 1970（昭和 45）年に架けられた豊里大橋．3 径間斜張橋．2 本の A 型の主塔から 2 段のファン状のケーブル 1 面で桁を吊っている．

写真 2-90　横浜市で首都高速道路湾岸線が横浜港を横断するところに 1989（平成元）年に架けられた横浜ベイブリッジ．3 径間斜張橋．2 本の H 型の主塔からマルチファンケーブル 2 面でトラスを吊っている．

2.8 吊橋の形式

　吊橋の形式の基本は，主塔を2本立ててケーブルを渡し，ケーブルの両端を橋台で固定して，ケーブルから吊材を下げて補剛桁あるいは補剛トラスを吊して床組を支え，その上に路面をのせるものである．人や自転車しか通らない中小の吊橋には，補剛桁や補剛トラスではなく吊材で吊った床組の上に床板を張っただけのものもある．これらのなかには強風に対する安定性を確保するために，吊橋の両横に耐風索を張ったものがある．

　中央径間のみに補剛桁や補剛トラスを設け，両側径間のケーブルを控え索とするものを単径間吊橋という．中央径間に加えて両側径間にも補剛桁や補剛トラスを設けるものを3径間吊橋という．4つ以上の径間を持つ吊橋を多径間吊橋というが，稀である．

　昔から山間部の谷あいなどに中小の吊橋が比較的多く架けられてきたが，維持管理の難しさなどから次第に姿を消しつつある．古い中小吊橋の主塔には鉄筋コンクリート製や鉄骨製のものがあるが，これらでは中央径間と側径間でケーブルの張力のバランスが崩れるのを避けるために，塔頂でケーブルをローラーで支持したものや基部をヒンジ構造としたものもある．なお，最近の長大吊橋の主塔は鋼製であるが，中央径間と側径間のケーブルの張力のアンバランスは主塔の撓みやすさでカバーしている．

　中小吊橋のケーブルにはワイヤーロープやロックドコイルロープが用いられてきたが，近年はワイヤーを撚らずに平行に束ねた平行ワイヤーストランドを用いた平行線ケーブルが用いられている．最近の長大吊橋の主ケーブルにも平行線ケーブルが用いられている．

写真 2-91　岐阜県美濃市の長良川に1916（大正5）年に架けられた美濃橋．鉄筋コンクリート製の主塔を有し，トラスで補剛された単径間吊橋．現在は歩行者と自転車のみを通している．

第 2 章　鋼橋の形式

写真 2-92　東京都中央区と江東区の境の隅田川に 1928（昭和 3）年に架けられた清洲橋．ケーブルにアイバーを用い，その両端を橋台の位置で補剛桁に固定して橋台には水平反力が作用しないようにした自碇式 3 径間吊橋．鋼製の主塔の基部にはヒンジが入っている．

写真 2-93　徳島県鳴門市で大毛島との間に 1961（昭和 36）年に架けられた小鳴門橋．4 径間吊橋で非常に珍しい．中央の A 型の主塔で左右の径間のケーブルがそれぞれ固定されている．（写真出典：日本橋梁建設協会編『日本の橋—鉄の橋百年のあゆみ—』p.135，朝倉書店，1984.6）

第3章
コンクリート橋の形式

3.1 コンクリート橋の種類と形式

3.1.1 鉄筋コンクリート橋

　鉄筋コンクリート橋には，床版橋，桁橋，アーチ橋，ラーメン橋などがある．これらはいずれも上路形式で用いられるが，アーチ橋には下路形式も少数ある．床版橋は少し厚い床版がそのまま主構造になった形式で，桁橋の桁を幅員方向に拡げた平面構造であり，桁橋の仲間ともいえよう．

　鉄筋コンクリート橋は明治の中頃から架けられはじめ，戦後しばらくは多数架けられたが，戦後にフランスから導入されたプレストレストコンクリート橋の普及に伴って，あまり架けられなくなった．ただし，アーチ橋は圧縮に強いコンクリートの特徴を活かして，今日に至るまで長支間のものが建設されてきている．

3.1.2 プレストレストコンクリート橋

　プレストレストコンクリート橋は，戦後フランスから PC 鋼材のコンクリートへの定着方法をはじめとするプレストコンクリートの技術が導入されるとともに，昭和 30 年頃から架けられはじめた．その後も種々の定着方法が海外から導入あるいは国内で開発され，その後の普及につながった．

　プレストレストコンクリート橋にも，床版橋，桁橋，ラーメン橋などがあり，いずれも上路形式で用いられる．近年は桁にプレストレストコンクリート構造を用いた斜張橋も架けられている．

3.2 鉄筋コンクリート橋の形式

3.2.1 床版橋

床版橋は古くから用いられてきた．主に幅員全幅に支保工を設けて型枠をおき，コンクリートを施工する方法で架けられた．戦後は小さな鉄筋コンクリート桁を隙間なく並べた床版橋も架けられた．単純支持で支間の短い構造が多い．

戦後，厚めの床版の中に自重を軽減するために，円形や矩形の中空部分を設けた中空床版橋も架けられた．単純支持の構造や連続構造がある．

写真 3-1　茨城県取手市の西浦川に 1969(昭和 44) 年に架けられた釜神橋．鉄筋コンクリート桁 18 本を並べた単純支持の床版橋．

写真 3-2　東京都葛飾区と千葉県松戸市の境の江戸川に 1966（昭和 41）年に架けられた新葛飾橋の松戸市側取付け高架部（矢切高架橋）．2 径間＋3 径間 4 連＋2 径間の鉄筋コンクリート連続中空床版橋．

3.2.2　桁橋

桁橋は T 型断面の鉄筋コンクリート桁が複数並んだ形式で，その上フランジの部分が床版の役割を果たす．これも古くから用いられてきた．架設は床版橋と同様に，主に，幅員全幅に支保工を設けて T 桁橋の形状に型枠をおき，コンクリートを施工する方法がとられた．したがっ

写真 3-3　茨城県取手市の小貝川に 1932（昭和 7）年に架けられた文巻橋．単純支持の鉄筋コンクリート T 桁 12 連からなる．5 本主桁．

第 3 章　コンクリート橋の形式

て，T 桁橋という名称ではあるが，T 桁を複数並べたものではなく，コンクリートは全断面一体として施工され，結果としてT 桁が複数並んだ形状となっている．

単純支持の桁橋が多いが，その支間を伸ばしたいときに，ゲルバー桁橋が昭和の初めから 20 年代にかけて用いられた．連続桁橋もある．鉄筋コンクリート桁橋は鋼桁橋より剛性が大きいが，適用支間が短く，河川改修などに伴って架け替えられる例が多い．

写真 3-4　茨城県水戸市の水戸城堀跡の道路上に 1935(昭和 10) 年に架けられた大手橋．鉄筋コンクリート 3 径間連続桁橋．

写真 3-5

3.2 鉄筋コンクリート橋の形式

写真 3-5　東京都府中市と多摩市の境の多摩川に 1937（昭和 12）年に架けられた関戸橋の下り線．13 径間の鉄筋コンクリートゲルバー T 桁橋．変断面の 3 本主桁．上り線は 1971（昭和 46）年に架けられた鋼箱桁橋（単純支持と 2 径間連続の組合せ）．

写真 3-6　茨城県八千代町と下妻市の境の鬼怒川に 1954（昭和 29）年に架けられた鬼怒川橋．単純支持の鉄筋コンクリート T 桁 4 連と 7 径間の鉄筋コンクリートゲルバー T 桁とからなる．単純支持桁は等断面の 2 本主桁（ゲルバー桁は変断面の 2 本主桁）．なお，横に 1969（昭和 44）年に新鬼怒川橋（3 径間連続プレストレストコンクリート箱桁橋）が架けられている．

写真 3-7　茨城県筑西市の鬼怒川に 1953（昭和 28）年に架けられた川島橋．11 径間の鉄筋コンクリートゲルバー T 桁と垂直材付ワーレントラス 3 連とからなる．ゲルバー桁は変断面の 2 本主桁．

3.2.3　アーチ橋

アーチ橋は圧縮力に強いコンクリートを用いるのに適した形式である．ほとんどが上路形式であるが，下路形式も少数ある．

3.2.4　上路形式のアーチ橋

アーチリブは幅員とほぼ同じ幅で，ほとんどが両端固定である．アーチリブに支柱を立てて路面を支える開腹の構造や，アーチのスパンドレル部を閉じて土砂等を入れ，その上に路面を設ける閉腹の構造が用いられる．

戦前の橋でも剛性が大きいので，河川改修や道路改良が行われない場合には，現在も使われている例が多い．

3.2 鉄筋コンクリート橋の形式

写真 3-8 東京都千代田区と中央区の境の神田川に 1927（昭和 2）年に架けられた聖橋．開腹の鉄筋コンクリートアーチ橋．

写真 3-9 横浜市西区と南区の境で横浜市道藤棚浦舟通りを跨いで 1928（昭和 3）年に架けられた霞橋．閉腹の鉄筋コンクリートアーチ橋．

写真 3-10 仙台市青葉区の広瀬川に 1935（昭和 10）年に架けられた霊屋橋．開腹鉄筋コンクリートアーチ 2 連からなる．連続アーチの中間の基礎では左右の水平力が均衡して基礎の負担が軽減される．

第 3 章　コンクリート橋の形式

写真 3-11　仙台市青葉区の広瀬川に 1938（昭和 13）年に架けられた大橋．閉腹鉄筋コンクリートアーチ 3 連からなる．

写真 3-12　東京都千代田区の日本橋川に 1927（昭和 2）年に架けられた錦橋．鉄筋コンクリートのバランスドアーチ橋．

3.2 鉄筋コンクリート橋の形式

　戦後も，圧縮力に強いコンクリートの特徴を活かして支間の大きなアーチ橋が架けられている．これらのアーチ橋では，アーチリブは鉄筋コンクリート構造であるが，その上で路面を支える桁はプレストレストコンクリート構造の場合が多い．

写真 3-13　東京都青梅市の多摩川に 1971（昭和 46）年に架けられた御岳橋．鉄筋コンクリートアーチ橋．

写真 3-14　佐賀県唐津市と玄海町の間の外津浦に 1974（昭和 49）年に架けられた外津橋．鉄筋コンクリートアーチには珍しい 2 ヒンジアーチ橋．（写真提供：松井幹雄氏）

第3章 コンクリート橋の形式

3.2.5 下路形式のアーチ橋

戦前から戦後にかけて，タイドアーチ橋やローゼ桁橋が幾つか架けられた．

写真 3-15　茨城県常陸太田市の里川に 1937（昭和 12）年に架けられた央（なか）橋．鉄筋コンクリートタイドアーチ橋．

写真 3-16　長野県佐久穂町の千曲川に 1938（昭和 13）年に架けられた栄橋．鉄筋コンクリートローゼ桁橋．両側径間に吊桁がある．

写真 3-17　長野県御代田町の湯川に 1959（昭和 34）年に架けられた面替橋．鉄筋コンクリートローゼ桁橋．

3.2 鉄筋コンクリート橋の形式

> **メモ・8**
>
> ### 鉄筋コンクリートのタイドアーチ橋とローゼ桁橋の違い
>
> 鉄筋コンクリートのタイドアーチ橋とローゼ桁橋は形状が似ているために違いを見分けるのは難しい．タイドアーチ橋のアーチリブは圧縮力や曲げモーメントに抵抗するのに対して，タイは引張力のみに抵抗するため，アーチリブの方がタイより寸法が大きい．
>
> これに対して，ローゼ桁橋の補剛桁は引張力や曲げモーメントにも抵抗するため，アーチリブと補剛桁の寸法はほぼ同じであり，ローゼ桁橋の補剛桁はタイドアーチ橋のタイよりも大きい．

3.2.6 ラーメン橋

戦前から戦後にかけて，跨線橋，跨道橋，高架橋などにπ型ラーメンや連続ラーメンが用いられた．方杖ラーメンも用いられたが，数は少ない．

写真 3-18　東京都大田区で田無街道が環状 7 号線を渡るところに 1939（昭和 14）年に架けられた新馬込橋．鉄筋コンクリートπ型ラーメン橋．新馬込橋から東南 100m の第二京浜国道が環状 7 号線を渡るところに 1940（昭和 15）年に架けられた松原橋も鉄筋コンクリートπ型ラーメン橋．

写真 3-19　東京都葛飾区と千葉県松戸市の境の江戸川に 1966（昭和 41）年に架けられた新葛飾橋の東京都葛飾区側取付け高架部（金町高架橋）．2 径間連続＋吊桁＋3 径間連続＋吊桁＋3 径間連続＋吊桁で構成される鉄筋コンクリート連続ラーメン橋．

3.3 プレストレストコンクリート橋の形式

3.3.1 床版橋

　床版橋はプレテンション方式により工場で製作されたI型や箱型のプレストレストコンクリート桁を隙間なく並べた構造であり，比較的短い支間に数多く架けられてきた．並べられた桁は一体化するためにPC鋼材で横締めされている．単純支持の構造である．
　プレテンション方式は，あらかじめPC鋼材を緊張しておいてコンクリートを施工し，コンクリート硬化後に両端で鋼材を切断してコンクリートにプレストレスを導入する方式である．

写真 3-20　千葉県松戸市の坂川に1983（昭和58）年に架けられた稲荷橋．プレテンション方式によるプレストレストコンクリート桁を並べた床版橋．外側に横締めPC鋼材の定着部が見える．

単純支持や連続構造の中空床版橋も架けられてきた．

写真 3-21　茨城県土浦市に1984（昭和59）年に架けられた土浦高架橋．3径間と4径間の連続プレストレストコンクリート中空床版橋と3径間連続鋼箱桁橋の組合せ．

3.3 プレストレストコンクリート橋の形式

> **メモ・9**
>
> ### プレストレストコンクリート床版橋と鉄筋コンクリート床版橋の違い
>
> 　プレストレストコンクリート橋と鉄筋コンクリート橋は同じコンクリート橋であり，外見で区別するのは難しいことがある．鉄筋コンクリート橋は年数を経たものが多いのに対して，プレストレストコンクリート橋は戦後導入されただけに鉄筋コンクリート橋ほど年数を経ていないものが多い．また，鉄筋コンクリート橋のコンクリート強度はそれほど高くないが，プレストレストコンクリート橋には高強度のコンクリートが用いられている．
> 　床版橋には中実の床版橋と中空の床版橋があるが，中実の床版橋に関しては，プレストレストコンクリート床版橋は工場で製作された桁（プレキャスト桁）を隙間なく並べたうえでそれらを一体化するために PC 鋼棒で横締めしており，桁が並んでいる様子を桁下から見ることができる．鉄筋コンクリート床版橋は，戦前のものは現場で支保工の上に型枠を設けてコンクリートを施工しコンクリートが一体化されたものが多く，戦後のものは小さな鉄筋コンクリート桁を並べたものが多い．桁を並べたものは桁下からその様子を見ることができる．
> 　中空床版橋に関しては，プレストレストコンクリート中空床版橋も鉄筋コンクリート中空床版橋も現場で支保工の上に型枠をおいてコンクリートを施工するために，その違いは外見ではわかりにくい．ただし，型枠は以前は木製のものが用いられていたが，近年は鋼製のものが用いられるようになり，とくに近年のプレストレストコンクリート中空床版橋は，鋼製型枠によって下面から側面にかけて滑らかな曲面のものが多い．

3.3.2 桁橋

プレストレストコンクリート桁橋には T 型断面のものと箱型断面のものがある．

3.3.3 T 桁橋

　プレテンション方式により工場で製作された T 型断面のプレストレストコンクリート桁や，ポストテンション方式により工場もしくは現場のヤードで製作された T 型断面のプレストレストコンクリート桁を複数並べた構造が用いられた．現場ヤードでは比較的長い桁が製作できるため，長い支間が必要な場合にこの方法が用いられた．主桁の支間の数か所に横桁が設けられ，主桁相互を一体化するために横桁の位置で PC 鋼材を用いて横締めされている．桁のフランジの間には間詰めコンクリートが施工される．
　ポストテンション方式は，桁内部にあらかじめ設置した PC 鋼材をコンクリート硬化後に緊張してコンクリートにプレストレスを導入する方式である．PC 鋼材は管を通して設置され，管は PC 鋼材緊張後にグラウトで充填される．
　単純支持桁が基本であるが，単純支持桁相互を橋脚上で連結した連結桁もある．単純支持桁

が複数径間にわたって連担する場合には桁相互の間に伸縮装置が設けられるが，連結桁は路面の平坦性を確保するために伸縮装置を設けずに単純支持桁相互の上フランジを鉄筋で連結したものであり，設計は連続桁ではなく単純支持桁として行われる．

写真 3-22 茨城県の霞ヶ浦北浦に 1960（昭和 35）年に架けられた神宮橋．プレテンション方式による単純支持のプレストレストコンクリート T 桁 76 連からなる．7 本主桁で，主桁支間の各 4 等分点に横桁が設けられている．横桁の位置で主桁を PC 鋼材で横締めしており，主桁の外側に PC 鋼材の定着部の突起が見える．

3.3 プレストレストコンクリート橋の形式

写真 3-23　茨城県潮来市と香取市の境の常陸利根川に 1963（昭和 38）年に架けられた潮来大橋．ポストテンション方式による単純支持のプレストレストコンクリート T 桁 9 連からなる．4 本主桁．

> **メモ・10**
>
> ### プレストレストコンクリート T 桁橋と鉄筋コンクリート T 桁橋の違い
>
> 　プレストレストコンクリート T 桁橋は工場や現場のヤードで製作された T 桁を並べて横桁の位置で PC 鋼棒で横締めして一体化しており，桁下から T 桁とそのフランジ間に施工された間詰めコンクリートを見ることができる．また，両側の桁の外側には横締め PC 鋼棒の定着部が出ている．
> 　鉄筋コンクリート T 桁橋は現場の支保工の上に T 桁橋の形状に型枠を設けてコンクリートを施工し，コンクリートは一体化されているものが多い．

3.3.4 箱桁橋

箱型断面を有する箱桁橋も架けられてきた．単純支持桁もあるが，連続桁に多く用いられてきた．連続箱桁橋は，橋に接続する取付け道路上や橋脚上に製作台を設けてその上で製作した箱桁を逐次送り出す工法など，種々の製作・架設工法が考案され，架けられてきた．

近年のエクストラドーズド橋は斜張橋に似ているが，連続桁の支点上の曲げモーメントによって桁の上側に生じる引張力をケーブルの張力で抵抗するようにした構造であり，連続桁橋の一種である．

写真 3-24　神奈川県小田原市で国道 135 号が米神漁港を渡るところに 1960（昭和 35）年に架けられた米神橋．単純支持のプレストレストコンクリート曲線箱桁 4 連からなる．

写真 3-25　茨城県八千代町と下妻市の境の鬼怒川に 1969（昭和 44）年に架けられた新鬼怒川橋．変断面の 3 径間連続プレストレストコンクリート箱桁橋．

写真 3-26 東京都福生市の多摩川に 1969（昭和 44）年に架けられた多摩橋．4 径間連続プレストレストコンクリート箱桁橋．わずかに桁高が変化しているが，等断面に近い 2 箱桁橋．

写真 3-27 神奈川県小田原市で西湘バイパスが小田原漁港を渡るところに 1994（平成 6）年に架けられた小田原ブルーウェイブリッジ．3 径間連続箱桁のエクストラドーズド橋．

3.3.5 ラーメン橋

　昭和 30 年代にドイツから，コンクリート橋脚を立ち上げてその柱頭からコンクリートの打設と鋼材の緊張を繰り返して桁を張り出していく工法が導入され，それまでのプレストレストコンクリート桁橋では届かなかった支間まで架けることができるようになった．

　橋脚の柱頭から両側にバランスをとりながら桁を張り出す T 型ラーメンが基本であるが，中央径間が長く両側径間が短い 3 径間の場合には，両側径間をカウンターウェイトにして，あるいは両側径間端を両橋台に PC 鋼材で定着して，それぞれ中央径間側に桁を張り出してゆき，中央での桁の連結部にヒンジを入れて桁相互を連続させる構造（有ヒンジラーメン）がとられた．T 型ラーメンが複数並ぶときにも，桁と桁の中間にヒンジが入った構造（有ヒンジラーメン）が用いられた．技術開発とともにヒンジを設けない連続ラーメン構造が多く用いられるようになった．

　π 型ラーメンや方杖ラーメンも跨道橋や跨線橋などに用いられてきた．

3.3.6　T型ラーメン橋

写真 3-28　神奈川県愛川町の中津川に 1979（昭和 54）年に架けられた角田大橋．T型ラーメン橋．

3.3.7　有ヒンジラーメン橋

写真 3-29　神奈川県の相模湖畔に 1959（昭和 34）年に架けられた嵐山橋．有ヒンジラーメン橋．3 径間構造であるが，中央径間に比べて両側径間が短いため，両側径間端を両橋台に PC 鋼棒で定着し，合せて両側径間にカウンターウェイトを付加して中央径間側に桁を張り出した．

写真 3-30　熊本県上天草市の前島と池島の間に 1966（昭和 41）年に架けられた前島橋（天草 4 号橋）．5 径間の有ヒンジラーメン橋．（写真提供：松井幹雄氏）

3.3.8 連続ラーメン橋

写真 3-31　神奈川県清川村の宮ヶ瀬湖に 1988（昭和 63）年に架けられたやまびこ大橋（宮ヶ瀬大橋）．3 径間連続ラーメン橋．

> **メモ・11**
>
> ### 有ヒンジラーメンと連続ラーメンの違い
>
> 　有ヒンジラーメンも連続ラーメンも形状が似ている．有ヒンジラーメンでは支間中央のヒンジは桁内部にあり見えないが，左右の桁間に隙間があり，路面には伸縮装置がある．連続ラーメンは支間中央で桁が連続しており，隙間はない．

3.3.9 π 型ラーメン橋・方杖ラーメン橋

写真 3-32　横浜市神奈川区で旧東海道が横浜市道を跨ぐ位置に 1956（昭和 31）年に架けられた上台橋． π 型ラーメンの跨道橋．

第3章　コンクリート橋の形式

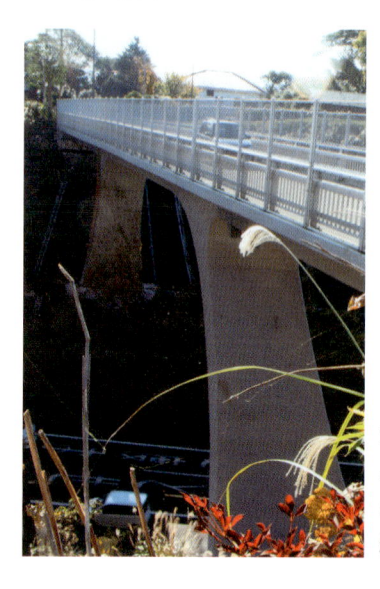

写真 3-33　神奈川県藤沢市の藤沢バイパス上に 1963（昭和 38）年に架けられた石名坂橋．方杖ラーメンの跨道橋で，両側径間に吊桁がある．

写真 3-34　茨城県つくば市で常磐自動車道を跨いで 1980（昭和 55）年に架けられたサギ沼橋．桁が斜めの橋脚で支えられ，方杖ラーメンに似た形状をしているが，桁と橋脚は剛結ではなく，ヒンジで結合されており，力学的には斜めの橋脚で支えられた連続桁の一種といえる．活荷重によって桁端が浮き上がるのを防ぐために，桁端と橋脚下端がコンクリート版で覆われた PC 鋼材で連結されている．PC 鋼材，橋脚，桁で構成される三角形で桁を剛に支持する構造であることから，PC 斜材付 π 型ラーメンと呼ばれている．

写真 3-35　茨城県つくば市で常磐自動車道を跨いで 1981(昭和 56) 年に架けられた出戸橋．3 径間連続桁の一種であるが，活荷重による桁端の浮き上がりを防ぐために，桁端と橋脚下端をコンクリート版で覆われた PC 鋼材で連結している．両側径間の桁，橋脚，PC 斜材で構成される三角形で桁を剛に支持する構造であることから，これも PC 斜材付 π 型ラーメンと呼ばれている．

3.3.10 斜張橋

近年，桁にプレストレストコンクリート桁を用いた斜張橋が架けられるようになった．主塔もコンクリート構造である．

写真 3-36　京都府綾部市の由良川に 1988（昭和 63）年に架けられた新綾部大橋．2 径間斜張橋．1 本の H 型主塔からマルチファンケーブル 2 面で桁を吊っている．

写真 3-37　佐賀県唐津市の弁天島と加部島の間に 1989（平成元）年に架けられた呼子大橋．3 径間斜張橋．2 本の H 型主塔からマルチパラレルケーブル 2 面で桁を吊っている．（新構造技術（株）設計・提供，土木学会「橋 BRIDGES IN JAPAN 1988-1989」所載）

おわりに

　既設橋に見られる種々の構造形式が，その時代の材料と構造に関する技術レベルを背景に，荷重を支える力学的メカニズムの考察の結果導き出されたものであることを理解して頂ければ幸いである．わかりやすい書物となるよう努力したが，不十分な点が多々あると考える．読者諸兄のご批判を仰ぎたい．

　例示に用いる橋の写真はできるだけ自分で撮ることを心がけた．そのため著者の住む関東地域の橋の写真が多くなった．遠方の橋については松井幹雄氏(大日本コンサルタント株式会社)から写真を提供頂いたり，他の出版物の写真をお借りするなどした．花岡武彦氏(新日本技研株式会社)には橋の種々の資料を提供頂いた．出版にあたっては技報堂出版株式会社にお世話になった．お世話になったすべての方々にお礼申し上げる．

　2010 年 6 月

　　　　　　　　　　　　　　　　　　　　　　　　　　　藤　原　　稔

著者紹介

藤原　稔（ふじわらみのる）

1967 年 3 月　　名古屋大学大学院工学研究科修士課程土木工学専攻修了
1967 年 4 月　　建設省入省．土木研究所，地方建設局，本省などにおいて橋梁の調査研究，道路行政
　　　　　　　　などを担当
1991 年 4 月　　土木研究所構造橋梁部長
1994 年 3 月　　東北大学工学部土木工学科構造工学講座教授
1997 年 6 月～2010 年 3 月　（財）道路保全技術センター，東京湾横断道路調査会(後の海峡横断道路
　　　　　　　　調査会)，鐵鋼スラグ協会などに勤務

主な著書

『道路橋技術基準の変遷―既設橋保全のための歴代技術基準ガイド』(技報堂出版，2009)
『保全技術者のための橋梁構造の基礎知識』(共著，鹿島出版会，2005)
『橋梁工学ハンドブック』(共著，技報堂出版，2004)
『新しい PC 橋の設計』(共著，山海堂，2003)
『新しい鋼橋の設計』(共著，山海堂，2002)
『橋梁技術の変遷―保全技術者のために』(共著，鹿島出版会，2000)
『鋼構造技術総覧―土木編』(共著，技報堂出版，1998)
『橋の世界』(共著，山海堂，1994)

写真で見る橋の構造形式
―道路橋の保全のために―

2010 年 7 月 20 日　1 版 1 刷　発行　　　　　　　　定価はカバーに表示してあります．

ISBN978-4-7655-1772-0 C3051

著　者　藤　原　　　稔
発行者　長　　　滋　彦
発行所　技報堂出版株式会社
　　　　〒101-0051
　　　　東京都千代田区神田神保町 1-2-5
　　　　電　話　営業　(03)(5217)0885
　　　　　　　　編集　(03)(5217)0881
　　　　Ｆ Ａ Ｘ　　　(03)(5217)0886
　　　　振 替 口 座　　　00140-4-10
　　　　http://gihodobooks.jp/

日本書籍出版協会会員
自然科学書協会会員
工学書協会会員
土木・建築書協会会員

Printed in Japan

Ⓒ Minoru FUJIWARA, 2010　　装幀　パーレン　印刷・製本　昭和情報プロセス

落丁・乱丁はお取替えいたします．
本書の無断複写は，著作権法上での例外を除き，禁じられています．

関連図書のご案内

書名	著者・編者	判型・頁数
橋梁工学ハンドブック	編集委員会編	B5・1300頁
土木工学ハンドブック（第4版）	土木学会編	B5・3000頁
土木用語大辞典	土木学会	B5・1678頁
コンクリート便覧（第2版）	日本コンクリート工学協会編	B5・970頁
鋼橋の未来―21世紀への挑戦―	成田信之編著	B5・324頁
鋼構造技術総覧［土木編］	日本鋼構造協会編	B5・498頁
橋梁マネジメント―技術・経済・政策・現場の統合―	B・ヤネフ著／藤野陽三ほか訳	A5・722頁
道路橋技術基準の変遷―既設橋保全のための歴代技術基準ガイド	藤原稔著	A5・200頁
コンクリート橋のリハビリテーション	G.P.Mallet著／望月秀次ほか訳	A5・276頁
橋梁の耐震設計と耐震補強	M.J.N.Priestleyほか著／川島一彦監訳	A5・514頁
橋梁工学（第2版）	宮本裕他著	A5・330頁
橋の景観デザインを考える	篠原修・鋼橋技術研究会編	B6・212頁
橋はなぜ美しいのか―その構造と美的設計―	大泉循著	A5・182頁

技報堂出版　TEL：編集 03(5217)0881　営業 03(5217)0885　FAX：03(5217)0886
http://gihodobooks.jp/